复杂地区静校正方法探索

潘树林　尚新民　吴　波　崔庆辉　编著

科学出版社

北　京

内 容 简 介

本书主要介绍地震资料静校正处理中涉及的各种问题和方法，包括静校正的一般概念、初至拾取方法、折射波静校正、反射波静校正以及转换波资料的静校正；另外还介绍目前静校正方法中地表一致性假设存在的问题，并叙述波动方程延拓静校正方法。

本书可供石油、地质、矿业等高等院校相关专业本科及硕士研究生学习参考，还可以作为从事石油及天然气勘探、煤田勘探、工程物探等领域的工程技术人员的参考书籍。

图书在版编目（CIP）数据

复杂地区静校正方法探索 / 潘树林等编著. —北京：科学出版社，2018.4

ISBN 978-7-03-056681-2

Ⅰ. ①复… Ⅱ. ①潘… Ⅲ. ①复杂地层–地震数据–静校正–研究 Ⅳ. ①P315.63

中国版本图书馆 CIP 数据核字（2018）第 042292 号

责任编辑：罗 莉 / 责任校对：王 彭
责任印制：罗 科 / 封面设计：墨创文化

科学出版社 出版
北京东黄城根北街 16 号
邮政编码：100717
http：//www.sciencep.com
四川煤田地质制图印刷厂印刷
科学出版社发行 各地新华书店经销
*
2018 年 4 月第 一 版 开本：787×1092 1/16
2018 年 4 月第一次印刷 印张：9 1/2
字数：225 264

定价：88.00 元

（如有印装质量问题，我社负责调换）

前　言

复杂近地表区静校正处理是陆上地震资料处理的一个关键问题，静校正水平的高低直接影响后期资料成像的质量。静校正问题的复杂性被相关专业的广大专家学者关注，对静校正方法的研究也从来没有间断过。本书主要介绍静校正处理过程中涉及的问题和方法。希望通过本书的介绍，读者可以快速了解静校正工作中的主要方法原理，并对目前静校正处理中存在的问题有一个更清晰的认识，从而对学习、科研及生产有所帮助。

本书第 1 章介绍静校正方法的基本概念和存在的问题；第 2 章介绍与初至波相关的静校正方法，详细介绍初至波自动拾取方法和折射波静校正、层析静校正、折射波剩余静校正；第 3 章介绍反射波剩余静校正涉及的方法和存在的问题，并提出一些解决方案；第 4 章介绍转换波静校正方法的进展；第 5 章介绍地表一致性静校正方法存在的问题，并对波动方程延拓静校正方法原理及应用实例进行论述；第 6 章对静校正方法的发展趋势做探讨。

本书内容参考了国内外很多专家学者的专著及文献，部分内容收集了笔者之前发表、出版的论文及教材，书中所用图件大多来自近几年的科研合作项目，在此对中国石油集团东方地球物理勘探有限责任公司、中国石化胜利油田物探研究院、中国石化西南油气田分公司、中国石油集团川庆钻探工程有限公司地球物理勘探公司等合作单位提供的宝贵的实际数据表示感谢。在本书的编辑过程中，研究生李晨光、秦子雨、杨连刚、赵东、闫柯、程祎、曹亮等做了大量文稿校正工作，修正了文稿中的一些错误，在这里对他们的工作表示感谢。本书由成都理工大学的周熙襄教授审阅，在此对周教授给本书提出的宝贵意见表示由衷的感谢。

笔者自 2002 年开始接触静校正问题，在周熙襄教授、钟本善教授的悉心指导下从最基本的静校正问题开始进行研究。周熙襄教授作为我硕士、博士研究生的第一导师，在我整个研究生阶段给予了我很大的帮助。他对学问一丝不苟、事必躬亲，对自己严格要求、对他人宽容大方，在学问上耐心指导，在为人上以身作则。周教授对我在专业研究和生活上的帮助让我终生难忘。我在研究工作中也先后得到了李辉峰、邹强、王克斌、詹毅、李晶、邓飞、彭文、王振国等诸多师兄师姐的帮助。特别感谢李辉峰教授在我学习、研究过程中对我的帮助。参加工作后有幸和尹成教授、徐峰教授合作继续进行静校正方面的研究工作，与崔庆辉、吴波共同进行研究的过程至今记忆犹新。在静校正方法的研究过程中，得到了他们的很多指导和帮助，在此一并表示感谢。

由于编者水平有限，书中难免有所遗漏和不妥之处，恳请同行和读者给予批评指正。

潘树林

2017 年 9 月

目　录

第 1 章　认识静校正

1.1　静校正在地震资料数据处理中的地位

著名地球物理学家 C. H. Dix 教授说：“解决好静校正就等于解决了地震勘探中几乎一半的问题。”这就要求我们要做好地震资料的静校正处理，静校正是地震勘探的敲门砖，静校正精度的高低对地震成像的质量有直接的影响。

具体来讲，主要反映在如下几个方面。第一，静校正问题严重影响着剖面的成像质量；第二，静校正问题也会影响到资料的分辨率；第三，静校正问题还会影响到构造的准确性；第四，静校正工作复杂，需要长期研究。

图 1-1 说明了静校正量对叠加成像的影响。图 1-1（a）为没有进行静校正处理的反射点叠加记录，由于各道受静校正影响，叠加不能聚焦，获得的叠加剖面分辨率和信噪比较低。图 1-1（b）为经过静校正处理后的叠加记录，由于消除了静校正的影响，各道反射时间一致，波形同相叠加，能量聚焦，获得的叠加剖面分辨率和信噪比明显高于静校正前的叠加结果。

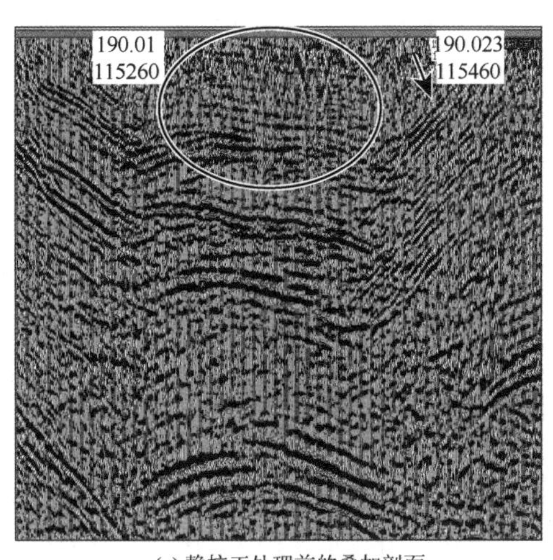

(a) 静校正处理前的叠加剖面

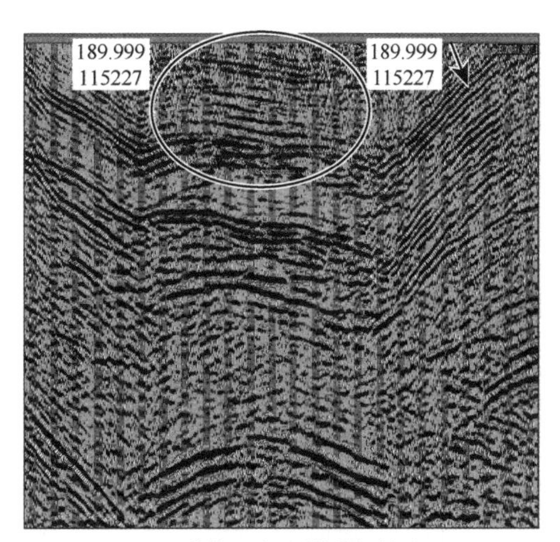

(b) 静校正处理后的叠加剖面

图 1-1　静校正处理前后的叠加剖面

图 1-2 展示了静校正对反射波构造形态的影响。图 1-2（a）为模拟地表和反射层的起伏情况，图 1-2（b）为图 1-2（a）模型下获得的零炮检距反射剖面。从图 1-2 中可以看出，静校正对反射信号有较大的影响，如水平反射层 2，在存在静校正量的时间剖面上产生了虚假构造形态。

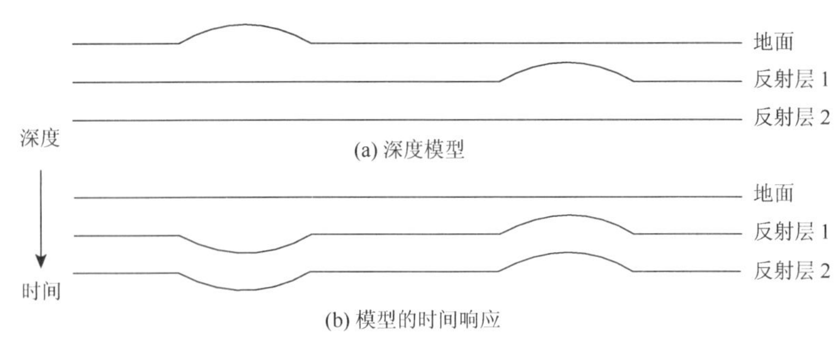

图 1-2　模型的深度与时间响应

1.2　与静校正相关的概念及静校正分类

1.2.1　与静校正相关的概念

几何地震学的理论假设是：观测面是一个水平面，地下介质为均匀层状介质，这时反射波的时距曲线为光滑的双曲线。但陆地勘探的实际情况却是：表层条件往往很复杂，观测面通常是起伏不平的，并且表层低速带的速度和厚度又是横向变化的，这样会造成地震波传播时间的不同延迟。因此，实际观测得到的反射波到达时间，并不是理论上的双曲线，而是一条畸变了的双曲线。静校正就是研究由于地形起伏、地表低降速带横向变化对地震波传播的影响，并对其进行校正，使反射波时距曲线恢复为一条光滑的双曲线。

根据静校正的作用，Sheriff（谢里夫）在《勘探地球物理百科词典》中明确给出了静校正的定义：对地震资料所做的校正，用于补偿由高程、风化层厚度以及风化层速度产生的影响，把资料校正到一个指定的基准面上。其目的通常是获得在一个平面上进行采集，且没有风化层或低速介质存在时的反射波到达时。

在静校正中使用的基准面通常是一个水平的基准面。这样做是希望在静校正后，炮点和检波点都被校正到同一个水平面上，叠加后的同相轴的形态能够比较接近地下速度界面真实的形态。

实际上地表一致性静校正量与真实的静校正量的偏差与基准面的位置有关：基准面与炮点或检波点的高差越大，则该点处的静校正量与真实静校正量的差别就越大。而在山区，地形的起伏很大，同一条测线甚至同一炮集内，地形的起伏可能达到几百米到一两千米。若选择同一水平基准面，不管基准面在何处，都会有炮点或检波点与它存在较大的高差，地表一致性假设造成的静校正误差就很难消除。因此，使用一个随地形起伏的弯曲基准面能够使这种状况得到改善。这个起伏的基准面叫作浮动基准面（图 1-3）。

1.2.2　静校正分类

静校正是提高叠加剖面信噪比和垂向分辨率的一项关键技术。静校正可以分成很多不同的方法。目前，对地表复杂的地震资料，联合应用多种静校正方法，取得了较好的静校正效果。

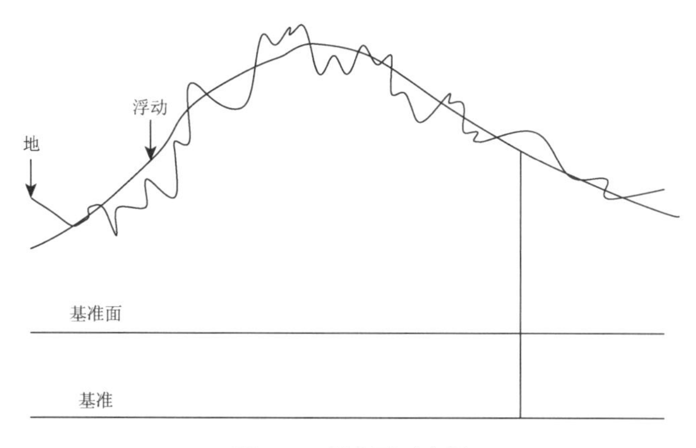

图 1-3　基准面示意图

1. 地表模型的一致性与非一致性

对于一致性的地表模型［图 1-4（a）］，上地层的速度与下地层的速度差异明显（由低到高），根据斯奈尔定律，同一接收点道集的所有地震波经过低降速带时，几乎沿着同一条路径、同一个方向（近似垂直地面）到达同一个接收点。

在共接收点道集内，接收点引起的各道的静校正量大小基本相同；在共激发点道集内，激发点引起的各道的静校正量大小也基本相同。一个地震道的静校正与一个激发点和一个接收点有关，它的静校正量是激发点的静校正量和接收点的静校正量的总和。目前的静校正方法主要是基于地表一致性假设条件下提出的。

对于非一致性的地表模型［图 1-4（b）］，道集各道的地震波传播路径有差异，接收点或激发点引起的静校正量不相同，引发了静校正不“静”的问题。波动方程延拓静校正是解决非地表一致性静校正问题的有效方法。

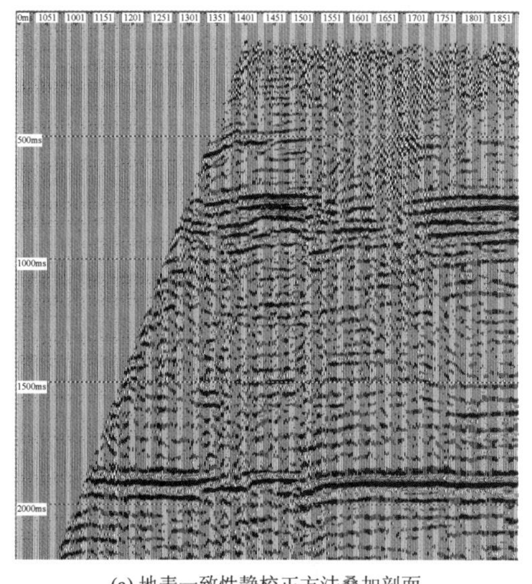

(a) 地表一致性静校正方法叠加剖面

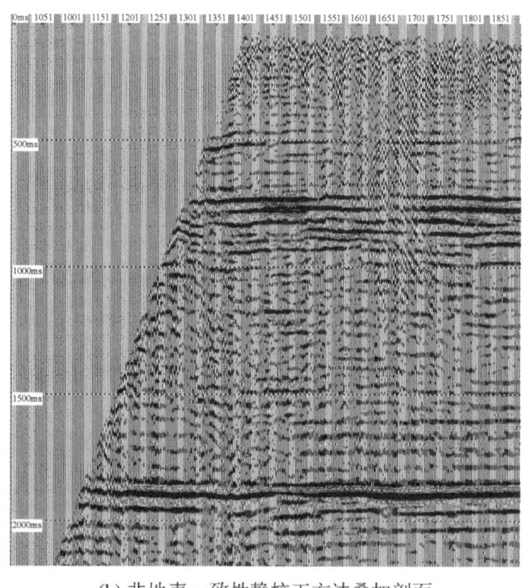

(b) 非地表一致性静校正方法叠加剖面

图 1-4　地表与非地表一致性静校正方法地表的剖面

2. 基准面静校正与剩余静校正

基准面静校正至关重要，当基准面静校正准确时，叠加剖面不仅信噪比高，构造形态比较真实，而且能提供高质量的模型道，使反射波剩余静校正与速度分析相结合的多次迭代过程能够取得好的效果（图 1-5）。

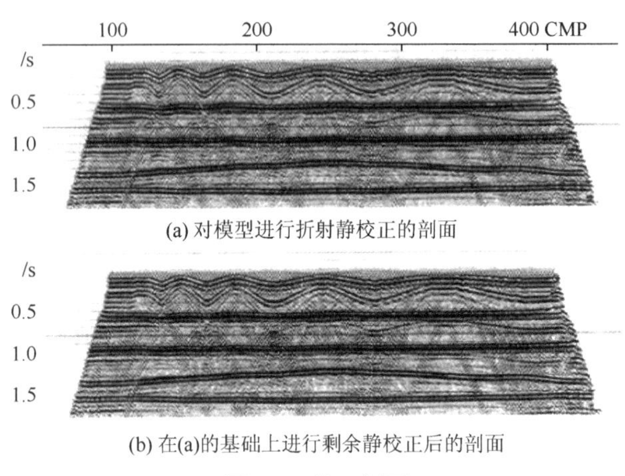

(a) 对模型进行折射静校正的剖面

(b) 在(a)的基础上进行剩余静校正后的剖面

图 1-5　校正剖面

基准面静校正可以利用野外测量获得的近地表速度-厚度信息，也可以使用室内通过初至波进行反演获得的近地表速度-厚度结构信息进行计算。剩余静校正量通常是从地震记录的初至波，或者地下反射波的信息中求得。

3. 长短波长静校正

激发点和接收点静校正量的空间变化形状是一条曲线，可把静校正量分解成高频分量和低频分量两部分。低频分量被称为长波长静校正分量，高频分量被称为短波长静校正分量。

长、短波长的划分是相对于野外观测排列的长度而言的，静校正分量周期变化的波长长度大于一个排列长度时，该静校正分量被称为长波长分量；静校正分量周期变化的波长长度小于一个排列长度时，该静校正分量被称为短波长分量。

短波长分量的存在会严重影响 CDP 叠加的效果。长波长分量的存在会影响反射波同相轴的形态，对 CDP 叠加效果的影响并不十分明显。静校正的长波长分量不易被发现，更是难以消除。

4. 应用静校正量的约定

通常，应用静校正量就是从地震道的记录时间中减去校正量值。正的校正量相当于时间零线向下移动，或者说时间值减少，记录向上移动；负的校正量相当于时间零线向上移动，或者说时间值增大，记录向下移动。有的处理系统对应用静校正量存在不同的约定。

1.2.3　地表一致性假设

表层因素的影响不仅造成地震波传播的时间异常，而且也类似一个滤波器影响到地震波的波形。因此，严格地说，消除表层因素的影响包括基准面静校正、剩余静校正、振幅校正和常相位校正。但是，人们为了静校正研究及其计算过程的方便，常常做如下的基本假设：

（1）时间一致性。对于某道记录的所有反射波，地表因素的影响是时不变的。

（2）地表一致性。地表因素对某一特定位置的影响保持恒定，即与地震波的传播路径无关。

（3）剩余静校正量是随机的。各炮点、各接收点剩余静校正量是随机的，即它们的均值为零。

（4）要做剩余静校正的地震道都已经进行了野外静校正和滤波处理，球面扩散补偿、动校正和常相位校正是准确的。

以上这些假设条件统称为地表一致性假设（Taner，2012），虽然这些假设有一定的局限性，但对于一般静校正问题往往还是恰当的。假设中的（3）和（4）是针对剩余静校正而言的。

该假设成立的条件是：低速带速度较低、炮检距较小、地表起伏较小、风化层厚度较薄。图1-6为低速带的速度远远小于基岩速度，地震波在低速带内垂直传播，致使在一道记录中所有采样点的静校正值都相同的示意图。

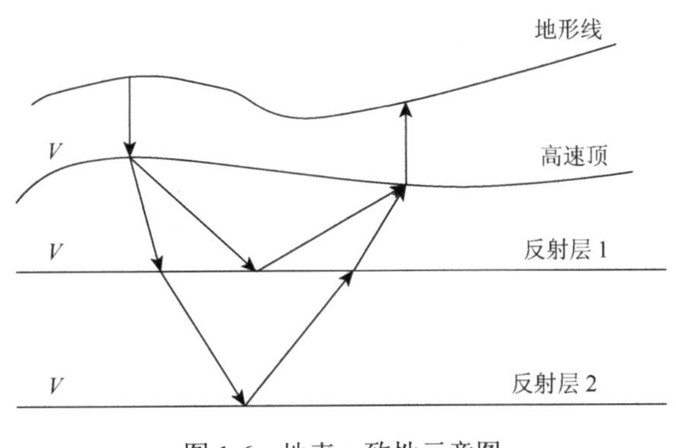

图1-6　地表一致性示意图

1.3　地表一致性假设条件存在的问题

地表一致性假设条件大大简化了静校正量的计算。目前生产中使用的几乎所有静校正方法都是基于地表一致性假设的。但我们必须清楚，在很多复杂地表地区，地表一致性假设存在很大的问题。随着地震勘探范围的不断扩大，在地震资料处理中会遇到越来越多的非地表一致性问题。出现这种问题的原因如下。

1. 低速带速度较高

地表一致性假设的核心在于近地表低速带速度远远小于地下反射层的速度，因而认为地震波在低速带中的传播路径都是垂直的或者近似于垂直的。而当近地表低速带速度与地下反射层的速度相差不是非常大时，地震波在低速带内的传播路径将不再是垂直的，而是倾斜的，即使是同一个检波点，它接收到的来自不同反射层的地震波在低速层中的传播路径也不再是相同的。因此，这就使同一检波点接收到的来自不同反射层的反射波应该有不同的静校正量，即使同一反射层的反射波也会因为炮检距的不同而具有不同的静校正量。

2. 巨厚的低速带

在新疆的沙漠地区和鄂尔多斯的黄土塬地区，潜水面深度或者低速带的厚度非常大，有时能达到几百米。由于地震波在低速带中传播的路径很长，两条入射角度相差很小的地震射线在经过如此长距离的传播后，其旅行时也会因为路径的不同发生较大的偏差。当利用折射初至计算静校正量时，由于折射角和来自地层的反射波在进入低速层时入射角度不同，因而两者在低速带中的射线传播路径长度差异就比较大，旅行时的差异也会较大。这种情况下，根据初至折射时间计算的静校正量用于反射波的校正，就无法完全消除低速带对反射波旅行时的影响。

3. 基岩出露

在山区，基岩出露地表是很常见的地质现象，但这会为静校正工作带来很大的不便。基岩出露使近地表地层的速度远远高于地下反射地层的速度，因此地震波到达检波点时的传播路径差异也会比较大，在某些极端情况下甚至会出现射线接近水平的现象。这与地表一致性静校正时的核心假设（地震波射线比较接近垂直入射的情况）是不吻合的。基岩出露的另一个影响是使初至波的成因更加复杂化，这时检波器接收到的初至波可能是折射波，也可能是反射波，甚至可能是直达波，这就会给以后的地震资料处理带来很多麻烦。而常用的静校正方法中，很多是基于折射波计算静校正量的，有的方法还要求存在稳定的折射层，基岩出露地表会使这些方法失效。

4. 地形起伏

地形的大幅度起伏，例如在构造运动强烈的地区，会使静校正基准面的选取成为一个大问题，因为不管基准面选在何处，都会与一些检波点或者炮点存在很大的高差。存在很大的高差就与地表一致性的理论不符合，而且这种高差对静校正的影响与前面提到的巨厚的低速带对静校正的影响很相似，都会使静校正后的地震波波场与实际的情况相差甚远（图 1-7）。

在这些复杂的地质条件下，我们仍习惯用基于地表一致性假设所计算出的静校正量来进行静校正处理，这将会造成较大的非地表一致性静校正误差。关于地表一致性假设造成的静校正计算问题，在后面的章节会进行专门的讨论。

图 1-7　不符合地表一致性静校正条件的典型地表

1.4　野外（一次）静校正

野外（一次）静校正属于基准面静校正，是典型的地表一致性静校正计算方法。在计算静校正值时要任意选定一个海拔高程作为基准线（面），将所有的炮点和接收点校正到这个基准面上，用基岩速度替代低、降速带的速度，把由于低、降速带引起的时间延迟消除。野外（一次）静校正一般包括井深校正、地形校正和低速带校正。

1.4.1　井深校正

井深校正的目的是把爆炸点校正到基准面上来，在实际工作中实现的方法有两种：一种是把爆炸点直接校正到基准面上来，用这种方法求出的井深校正值有正有负，另一种是把爆炸点首先校正到地面，然后把它当作接收点，再与其他接收点一起校正到基准面上，用这种方法求出的井深校正值永远为负。地震波从井底垂直向上传播到地表的时间 $\Delta\tau_j$，即井深校正量，其求取方法有两种。

（1）用井口检波器测出的直达波的传播时间（习惯上称为τ值）即可作为井深校正值$\Delta\tau_j$，它可从地震记录中直接读出。

（2）用已知的地层参数资料和井深资料（图 1-8），按下式计算井深校正值：

$$\Delta\tau_{\mathrm{j}} = -\left[\frac{1}{v_0}(h_0 + h_{\mathrm{j}}) + \frac{1}{v}h\right] \tag{1-1}$$

式中，v_0——低速带的速度，m/s；

v——基岩速度，m/s；

$h_0 + h_{\mathrm{j}}$——炮井中低速带的厚度，m；

h——基岩中炸药的埋置深度，m；

h_0——井口到基准面的垂直距离，m；

h_{j}——井口处基准面到低速带底部的厚度，m。

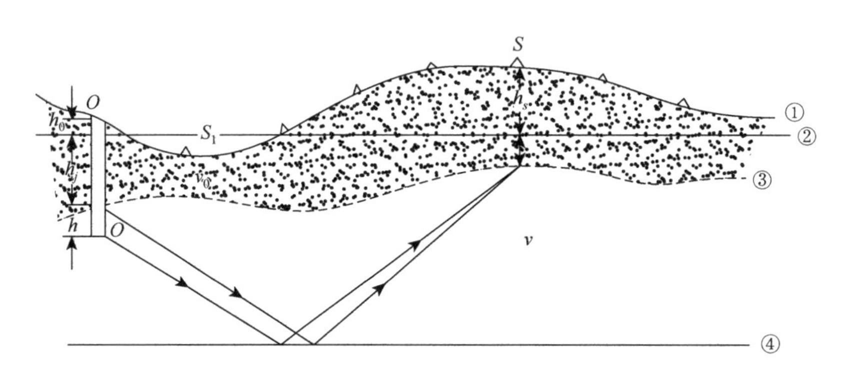

图 1-8　表层参数物理示意图

①地形线；②基准面；③基岩顶面；④反射界面

1.4.2　地形校正量

井深校正后，将已校正到地表面的炮点和检波点都沿垂直方向校正到基准面上。由于静校正过程中，习惯上是把静校正值从观测时间中减掉，故一般规定观测点的位置高于基准面时的校正值为正，低于时为负。某炮某记录道的校正值应等于炮点和接收点地形校正值之代数和。如图 1-8 中炮点 O 和接收点 S 的地形校正值可按下式计算：

$$\Delta\tau_{j,l} = \frac{1}{v_0}(h_0 + h_S) \tag{1-2}$$

式中，j——炮点序号；

l——检波点序号。

在实际处理中，不同的系统对静校正量符号的规定也不相同，如 CGG 处理系统和 Omega 处理系统符号的规定相反。在应用静校正量的时候，必须搞清符号的意义。

1.4.3　低速带校正量

将基准面以下的低速岩层用基岩代替，这将因速度不同而产生时差，这个时差就是低速带校正值。某道记录的低速带校正值等于炮点和接收点低速带校正值之代数和：

$$\Delta\tau'_{j,l}=h_j\left(\frac{1}{v_0}-\frac{1}{v}\right)+h_l\left(\frac{1}{v_0}-\frac{1}{v}\right) \tag{1-3}$$

由于低速带的影响是使反射时间增加，静校正时是把这个增加的时间从观测时间中减掉。故低速带校正值永远为正。

1.4.4　野外（一次）静校正值

野外（一次）静校正值为井深、地形、低速带校正值的代数和：

$$\Delta t_{静}=\Delta\tau_j+\Delta\tau_{j,l}+\Delta\tau'_{j,l} \tag{1-4}$$

静校正时是将 $\Delta t_{静}$ 从记录的观测时间中减去，即

$$t_{校后}=t_{校前}-\Delta t_{静} \tag{1-5}$$

式中，$t_{校前}$——静校正前记录的观测时间，s；

$t_{校后}$——静校正后记录的观测时间，s。

1.5　小　　结

静校正处理作为地震资料常规处理方法中的一个重要环节，在实际处理中占有重要位置。按照不同的分类方法，静校正方法可以分成很多种。本章对静校正的基本概念和涉及的基本问题进行了说明。在静校正的过程中，地表一致性假设是目前常用方法的基础，也是静校正存在问题的根源。所有的基准面静校正方法都可以归结为求取近地表速度-厚度模型，然后使用模型计算野外静校正量。因此，折射、层析、野外一次静校正其实都属于基准面静校正处理方法。而由于模型计算不准确造成的静校正误差，就只能留到剩余静校正方法中进行处理了。

第 2 章　基于初至波的静校正方法

地震记录中的初至波通常由直达波、折射波和回转波组成（图 2-1）。在这些波中包含近地表的速度与厚度信息。目前，生产中通常需要对地震记录进行初至波拾取，然后利用初至波进行近地表结构的反演，根据反演结果计算静校正量。本章主要介绍生产中应用效果较好的初至波自动拾取方法、折射波静校正方法、层析反演方法以及基于初至的剩余静校正方法。

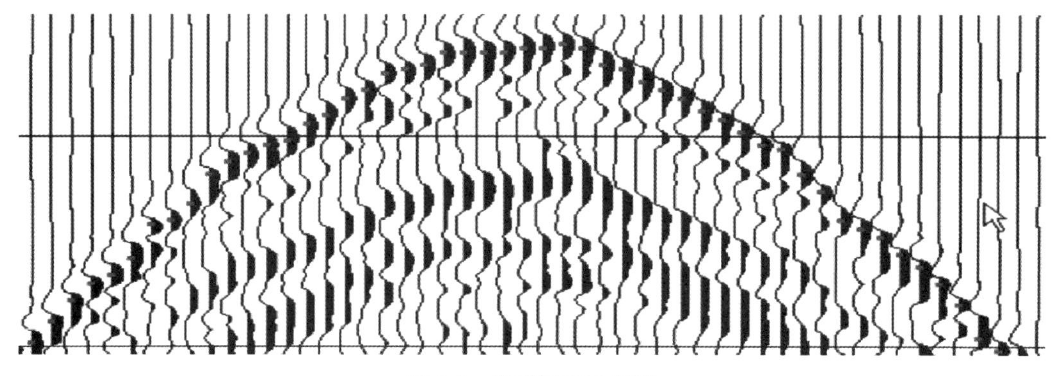

图 2-1　典型初至示意图

2.1　初至波自动拾取方法

初至波通常指由炮点激发的，最先到达接收点的地震信号。初至波的来源很广泛，几乎涵盖了所有种类的地震波，包括直达波、反射波、折射波、绕射波、回折波等。由于在到达同一点的地震信号中，初至波的传播时间最短，能量通常较强，因此是地震信号中最容易识别的信号之一。

初至拾取从大的方向来分可以分为手工拾取方法和自动拾取方法。手工拾取可以得到高精度的初至到达时间，但是费事费力，在数据量较大时会对实际生产工期造成较大的影响。自动拾取方法人工干预较少，可以高效地进行初至波的自动拾取。在信噪比较高的地区，目前的自动拾取方法基本可以实现人工不干预或者少量干预就完成初至波的拾取。但是在信噪比低的地区，初至自动拾取方法往往难以获得理想的拾取结果，需要人工大量干预。

现有的初至波自动拾取方法有的着重于研究单个地震道中初至波的振幅、相位、能量等信息，比如能量比值法；有的着重于利用初至时间之间的相互关系，比如约束初至拾取；有的则绕过自动拾取，通过减少人工初至拾取中用户拾取工作量来提高拾取效率。但整体而言，初至波自动拾取的效果并不理想。大多数情况下，自动拾取后都需要人工干预，以保证拾取的精度。在当今大工区三维资料越来越多的情况下，对资料的处理速度和精度有着越来越高的要求，其中的初至拾取在很大程度上成为限制处理速度和精度的一个重要因素。生产中迫切需要更加有效、拾取速度更快的自动拾取方法。

由于目前对可控震源的使用越来越多，而可控震源产生的初至与爆炸震源产生的初至存在很大的不同，初至的拾取变得更加困难。这严重影响了可控震源地震资料的处理效果。目前的初至波自动拾取方法在可控震源记录中基本无法使用，因此，针对可控震源的初至拾取又成了一个急需解决的难题。

现有的初至波自动拾取方法很多，大体上可以分为两大类：一类是基于单道初至特征的方法，如能量比值法、神经网络拾取方法等；另一类是基于整体初至特点的方法，如相关法、边缘检测方法等。下面就介绍其中几种比较有代表性的方法。

2.1.1　能量比值法

能量比值法充分利用初至波的能量特征，不受近地震道影响，方法简单，编程容易，计算速度快。它的缺点在于对低信噪比资料处理效果不理想，容易受到奇异值的影响。左国平等（2004）、李洪林（2007）、许银坡等（2016）学者对能量比值法进行了研究。

该方法的基本步骤是，从地震记录零点开始逐步向后搜索出每一个波的视周期，第 i 个视周期的能量为

$$E_i = \int_{w_i} S^2(t)\mathrm{d}t = \sum_{j=t}^{t+w_i} A^2(j) \tag{2-1}$$

式中，$S(t)$——地震记录；

$A(j)$——第 j 个采样点的值；

w_i——第 i 个视周期的宽度；

t——该视周期的开始时刻。

特征值 F 采用下面的公式计算：

$$F(i) = \frac{E_i}{\frac{1}{i}\sum_{j=1}^{i} E_j} \tag{2-2}$$

确定一门限值 R，当 $F(i) \geqslant R$ 时，则认为第 i 个视周期为初至波。使用中通常还会设置一个振幅门限 A_0，当 $F(i) \geqslant R$ 且第 i 个视周期的极大振幅 $A_{\max}(w_i) \geqslant A_0$ 时，才认为找到了初至时间。这里的参数 R 和 A_0 都是经验参数，视地区的不同而不同。

2.1.2　约束初至拾取法

约束初至拾取着眼于提高复杂地表地区初至拾取的精度和效率，它充分利用了地表一致性并借助于交互技术，使得初至拾取不再是一种纯粹的数学运算，而是具有更多的地球物理意义。但它在程序的实现上比较困难，拾取也主要针对折射初至波进行，而且随着初至信噪比的降低，手工拾取的工作量将大大增加。刘连升（1998）对约束初至拾取方法进行了研究。

如图 2-2 所示，S_1 和 S_2 分别表示两个炮点位置，R_1、R_2、R_3、R_4 分别表示 4 个检波点位置，TR(i, j)表示第 i 个炮点激发第 j 个检波点接收的地震道，其中 $i = 1, 2$；$j = 1, 2, 3, 4$。

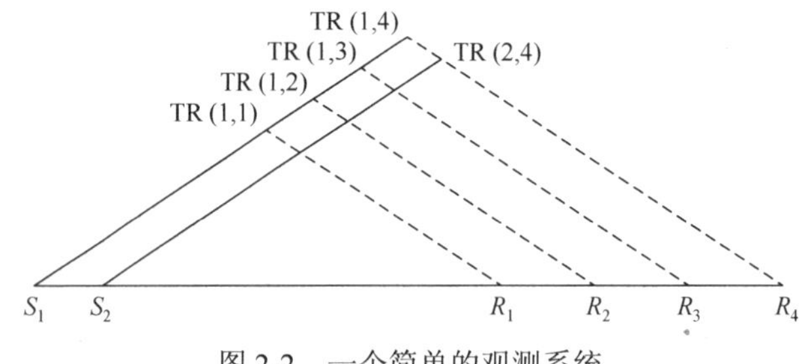

图 2-2　一个简单的观测系统

首先，将每一炮中的地震数据进行线性时差校正，并把相邻炮的地震道按相同检波点进行重排串接显示，这种显示图可以使静校正问题表现得更加明显，便于用户进行波组对比和追踪。然后，用 $T(i, j)$表示 TR(i, j)道的初至时间（$i = 1, 2$；$j = 1, 2, 3, 4$）。加入已知第 1 炮中各道[TR(1, j), $j = 1, 2, 3, 4$]的初至时间，那么根据折射理论，$T(i, j)$可以表示为

$$T(i,j)=\tau_{\mathrm{S}_i}+\tau_{\mathrm{R}_i}+x_{ij}/v \tag{2-3}$$

式中，τ_{S_i}——炮点 i 的延迟时间，s；

τ_{R_i}——检波点 j 的延迟时间，s；

x_{ij}——炮点 S_i 至检波点 R_j 的炮检距，m；

v——折射层的速度，m/s。

对式（2-3）进行线性时差校正后，可得

$$T(i,j)=\tau_{\mathrm{S}_i}+\tau_{\mathrm{R}_i} \tag{2-4}$$

例如，已知第 2 炮中某一道的初至时间[如 $T(2, 1)$]，而且该道同第一炮中的某道有相同的检波点[这里为 $T(1, 1)$]，则这两个炮点的延迟时间之差为

$$\Delta\tau(1,2)=T(1,1)-T(2,1) \tag{2-5}$$

同理，式（2-5）适用于任何这两个炮点激发，同一个检波点接收的两个地震道。这样，第 2 炮中其他各道的初至时间就可以表示为

$$T(2,j)=T(1,j)-\Delta\tau(1,2)\quad(j=2,3,4) \tag{2-6}$$

实际上，这种用地表一致性约束的拾取初至方法最适合于交互实现，因为总是可以将相邻 3～5 炮的初至数据按照相同检波点进行重排显示，而且只需要在每炮中交互拾取一道的初至时间即可。

2.1.3　神经网络法

石油地震勘探资料中初至波具有不确定性的非结构化特点。一方面有效信号中混有大量的噪声信息，另一方面也难以找出它们精确的数学描述，难以建立它们的数学模型。而神经网络可以做到利用自学习和监督学习而无须进行数学分析和建模。庄东海（1994）等、王金峰等（2006）对神经网络自动拾取初至的方法进行了探讨。

根据初至波的特点可以选取（不仅限于）以下 5 个具有代表性的参数作为神经网络的输入进行训练：

（1）视周期的峰值。

（2）波在周期内的均方根振幅。

（3）波的视周期前后视窗内均方根振幅比。

（4）波峰和波谷振幅极值连线的斜率。

（5）波与前一个波峰振幅包络的斜率。

利用训练好的网络进行预测时，将需要预测的地震道中时窗内每个波的特征输入网络输入层，计算不同时间记录网络的输出值，若输出值大于预先确定的门限值，则该时间为初至对应的时间。

该方法的主要缺点在于训练速度慢，往往需要经过很多次的迭代才能对不大的训练集调整完毕。另外，由于来自不同地区的资料初至波差异较大，对来自不同地区的资料必须重新进行学习，使得方法应用的效率较低。

2.1.4　基于边缘检测和边界追踪的初至波自动拾取方法

初至波是随机干扰信号等无用信息和实际地震信号的交界点，在地震纪录中初至波具有很好的连续性，并且和其他信号有明显的分界面。如果把地震记录转化为一幅图，利用图像处理中比较成熟的算法：边缘检测和边界追踪，可以提取出边界，即可以在地震记录中将初至波拾出。正是初至波的这种有明显边界的特点建立了其与数字图像处理之间的桥梁。在初至较好的情况下，边缘检测直接检测边界点就可以确定初至。在存在较强干扰，初至不连续的情况下，边界追踪技术保障了初至的连续性和准确性。潘树林等（2005，2007）对基于边缘检测的初至自动拾取方法进行了研究。

用边缘检测和边界追踪方法对初至波进行自动拾取可以按照以下步骤进行：

（1）将地震记录波形图转化为灰度图。

（2）在灰度图上进行边缘检测。

（3）在边缘检测的基础上进行边界追踪。

（4）将追踪效果映射到原始地震记录，然后在一定范围内确定精确的初至波。

在下面章节中，将对以上步骤进行较为详细的叙述。

2.1.4.1　地震记录的灰度化

在一般的地震记录中，图形显示的是存在正负区别的振幅。而在图像处理中处理的是各点的灰度，不存在正负振幅的概念。因此，如果要应用数字图像处理的方法去处理地震记录，必须对地震记录进行灰度化处理，将波形图转换为灰度图。

相对于一道上接收的其他来自炮点的扰动而言，初至波所传播的时间更短，其能量也更强，因此，在干扰不是特别严重的情况下，初至波都有较大的振幅。显然，在初至波开始的地方，振幅的值比前面的振幅要大得多，而在初至波到达后，虽然振幅逐步减小，但振幅的变化不再如前面那么巨大。如果把地震道上各个样点的值转换为灰度，就可以说，初至是灰度较大的地方，也是灰度变化迅速的地方。这正是可以使用边缘检测技术对其进行识别的原因。将地震道进行灰度化处理的方法很多，既可以直接取其绝对值，即

$$S_2(x,t)=|S(x,t)| \tag{2-7}$$

也可以通过将一道中的所有数据减去该道中的最小数据来实现，即

$$S_2(x,t)=S(x,t)-\min_{i=1}^{L}S(x,j) \tag{2-8}$$

式中，$S(x,t)$——单炮记录中第 x 道第 t 个样点上的振幅，m；

$S_2(x,t)$——灰度化之后该点的振幅，m；

L——该道的采样点数。

实验结果表明，采用式（2-7）进行灰度化处理保持了地震记录波形的特性，较好地反映了实际情况，处理效果较好。

图 2-3（a）是原始的地震道数据，图 2-3（b）是对原始的地震道用式（2-7）进行了灰度化处理之后的地震道。

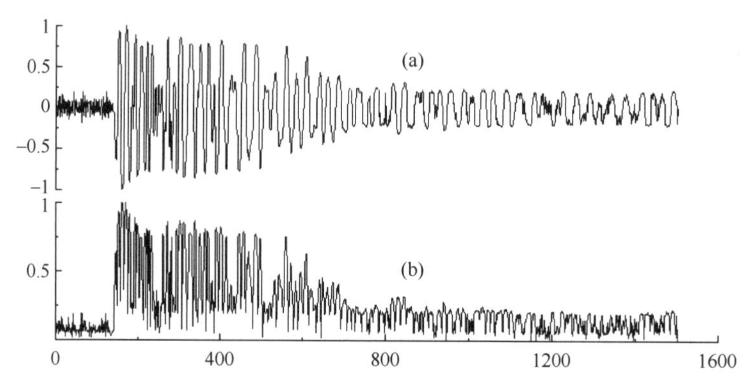

图 2-3　归一化后的地震道和灰度化之后的地震道图

经过灰度化处理的图，初至波的界面更加清晰。关键的是，经过灰度化处理之后，m 道、每道 n 个样点的单炮记录可以看作一幅 $m\times n$ 个像素的灰度图（图 2-4）。这样，地震记录图和一般的图像在格式上找到了一个统一点，因此，就可以应用数字图像处理里面成熟的算法来进行地震记录图的处理。

2.1.4.2　图像的边缘检测

图像的边缘检测就是从图像中将物体的边缘特征提取出来，从而确定物体的轮廓或细节特征（图 2-5）。经过灰度化处理后的地震剖面图，可以作为一幅普通图像应用图像处理中的成熟算法。

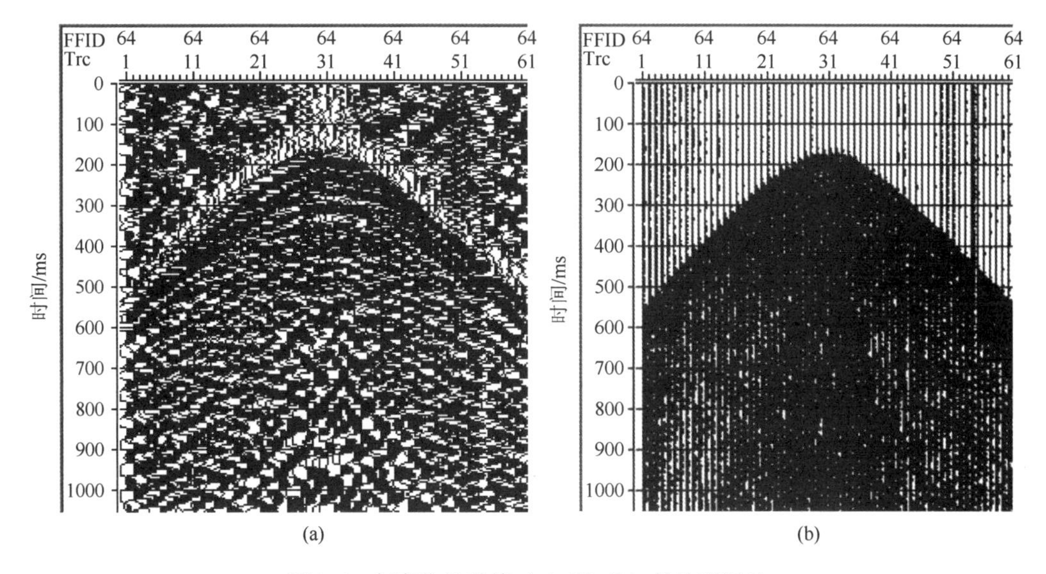

图 2-4　灰度化处理前（a）后（b）的地震记录

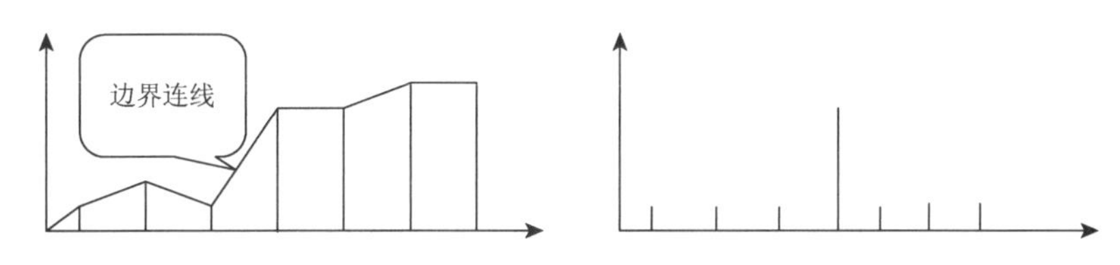

图 2-5　梯度对边界的放大原理

边缘检测的方法有很多，例如，利用算子进行检测、基于小波分析的边缘检测、基于阈值的边缘检测、基于神经网络的边缘检测等。考虑到地震数据的数据量较大，在选择检测方法时，应选择那些效果比较理想并且运算量较小的算法。经过实验对比发现，利用梯度算子进行检测运算量较小、效果较理想。下面对使用梯度算子进行边缘检测的原理进行说明。

式（2-9）是求取梯度的运算公式：

$$y(t)' = y(t+\Delta t) - \frac{y(t)}{\Delta t} \tag{2-9}$$

从式（2-9）可以看到，当 Δt 已定时，那么 $y(t+\Delta t)$ 与 $y(t)$ 相差越大求得的 $|y(t)'|$ 值越大，而当它们相差很小时，$|y(t)'|$ 的值非常小，因此通过对图形函数求取梯度可以把存在的边界进行放大。

对比图 2-5，可以清楚地看到，初至波起跳处 $y(t+\Delta t)$ 与 $y(t)$ 相差最大，求得的导数将是单道里面的最大值。因此，可以利用梯度来确定边界。

梯度对应一阶导数，梯度算子是一阶导数算子。在边缘灰度值过渡比较尖锐且图像中噪声比较小时，梯度算子工作效果较好。现以检测 x、y 两个方向的情况进行说明。

对一个连续图像函数 $f(x,y)$，它在位置 (x,y) 的梯度可表示成一个矢量（其中 G_x 和 G_y 分别为沿 x 方向和 y 方向的梯度）：

$$\nabla f(x,y)=[G_xG_y]^{\mathrm{T}}=\left[\frac{\partial f}{\partial x}\frac{\partial f}{\partial y}\right]^{\mathrm{T}} \tag{2-10}$$

这个矢量的振幅（也常直接简称为梯度）和方向角分别为

$$\nabla f=\max(\nabla f)=(G_x^2+G_y^2)^{\frac{1}{2}} \tag{2-11}$$

$$\phi(x,y)=\arctan\left(\frac{G_x}{G_y}\right) \tag{2-12}$$

为了计算简便采用模来进行梯度近似计算：

$$\nabla f=\max\left\{\left|\frac{\partial f}{\partial x}\right|,\left|\frac{\partial f}{\partial y}\right|\right\} \tag{2-13}$$

即，分别计算 x 和 y 方向的梯度，两者中的大值作为该点的实际梯度。

如前所述，边缘检测可以使用梯度算子来完成，其目标都是求取某一点上的灰度梯度，比较常用的有 Prewitt 算子、Sobel 算子、Kirsch 算子等。这些算子通常都是以目标点为中心，然后根据与其连通的像素值来求取该点的灰度梯度。

算子运算时采用类似卷积的方式，将算子模板在图像上移动并在各位置计算对应中心像素的梯度值。模板卷积的运算步骤可表述如下：

（1）将模板中心与图中某个像素位置重合。

（2）将模板上系数与模板下对应像素值相乘。

（3）将所有乘积相加。

（4）将经过模板运算后得到的结果赋给图中对应模板中心位置的像素。

（5）将模板遍历图中每个像素。

如果算子存在多个方向模板，则最终中心点的梯度值取这些模板计算所得值中绝对值最大的一个。采用 Prewitt 算子模板，某点计算得到两个方向上的梯度值 f_x 和 f_y，最终这一点的梯度值取为：$\nabla f=\max\left(|f_x|,|f_y|\right)$。

在经过边缘检测的数据中，在每一道上，从上到下找到第一个梯度值大于某个阈值的样点，并将其所在位置作为这一道的初至时间。在绝大多数情况下，选择梯度值最大的那个样点位置作为初至时间依然能取得很好的效果。但是，值得注意的是，这里的获得的初至时间一般与真正的初至时间有偏差，并且均偏小，因此，最终拾取的结果应该在原始地震道内向后查找第一个波峰，则找到的波峰位置就是真正的初至时间。

当然，在一些干扰比较大的道上，可能找到的第一个梯度值大于阈值的样点并不在初至时间附近。这时，需要根据下面讲述的边界追踪技术确定真正的初至。

2.1.4.3　边界追踪技术原理

边界追踪也可称为边缘点连接，是由图中的某已知边缘点出发，一次搜索出实际的边界。边界搜索主要分为以下几个步骤：

（1）确定作为起点的边缘点（标准根据算法不同而有差异），起点的选取对追踪的结果至关重要。当正确的边缘点不易确定的时候，一般需要进行手工选定正确的边缘点。

（2）按照合适的算法和搜索机理，在发现边界点的基础上确定新的边界点。

（3）搜索整幅图，确定出边界。

边界追踪也有很多成熟的方法，结合地震记录的特点，经过对多种边缘追踪方法的比较，发现利用跟踪“虫”（bug）进行追踪，抗干扰能力强、运算简单，追踪效果较理想。现简述利用跟踪“虫”进行追踪的原理。

跟踪“虫”是一个长方形的平均窗口模板，其中各元素一般具有相同的值，模板的后部以当前像素为中心，其轴沿当前搜索方向。在每个搜索位置都计算模板下所有像素的平均梯度，然后选模板前部具有最大平均值的位置作为下一个边界位置。该模板越大，对梯度的平滑作用越强，也越抗噪声。在对存在较强干扰的地震记录的处理中，采用该方法进行边缘追踪，较好地确定了初至波的位置。图 2-6 是一个最简单的“bug”模板示例，只检测了 60°角范围内的边界，在实际应用中，应该根据实际情况选取适当角度范围的模板。

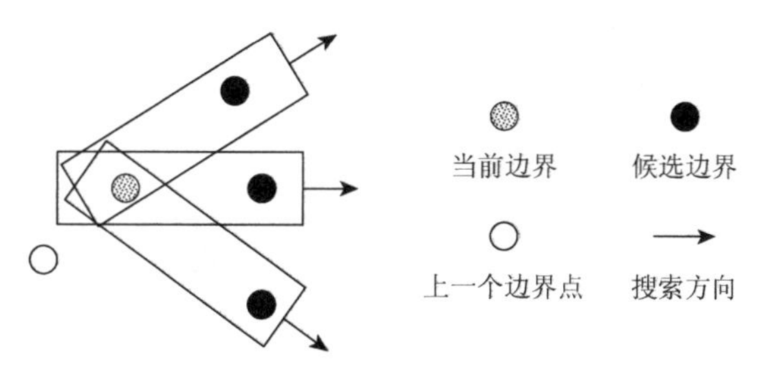

图 2-6　跟踪“虫”示意图

边界追踪在经过梯度算子处理过的剖面上使用，该方法的难点在于怎样准确的选定起始追踪点。在系统中，采用统计方法，按照一定的准则判断某点是否为准确的初至。另外，用上述方法仍无法准确选定边界的时候，可以使用系统提供的“交互选定起始追踪点”功能。

2.1.4.4　用边缘检测和边界追踪方法进行初至波自动拾取的效果

边缘检测可以使用的梯度算子很多，那么哪种算子在自动拾取的时候可以取得比较好的效果呢？下面的例子就是应用不同算子进行处理后的效果，从下面的处理效果对比可以选择出最适合初至波自动拾取的算子。

图 2-7 为某三维记录原始记录剖面图，从图 2-7 中可以看到，该段记录含有较强的噪声干扰。图 2-8 为记录进行灰度化处理后的效果，可以看出，经过灰度化处理后，初至在记录图中显示更加明显。图 2-9 是对记录应用 Prewitt 算子进行边缘检测的结果。图 2-10 是对记录用 Sobel 算子进行边缘检测的结果。图 2-11 是对记录用 Laplacian 算子进行边缘

检测的结果。图 2-12 是对记录用 Kirsch 算子进行边缘检测的结果。通过对 Prewitt、Sobel、Laplacian 和 Krisch 等算子的比较，发现 Krisch 算子对地震记录的检测效果明显优于其他算子的检测效果，在实际处理中，选取该算子进行初至波的自动检测。从图 2-11 可以看出，经过边缘检测，大部分初至波可以较为准确地检测出来，但是，对存在较为严重干扰的地震道效果不理想。边缘检测无法准确拾取的部分初至波可以通过边界追踪的技术进行校正。图 2-13 是对边缘检测结果利用边界追踪技术进行校正后的结果，从图 2-13 中看到，通过边缘检测和边界追踪联合处理后，可以把初至波自动拾取出来，那么，拾取的初至波到底和实际初至波存在多大的误差呢？图 2-14 为经过自动拾取的初至在原始记录上的复核图，通过图 2-14 可以看到，自动拾取的结果基本上符合实际初至，达到了实际应用的要求。

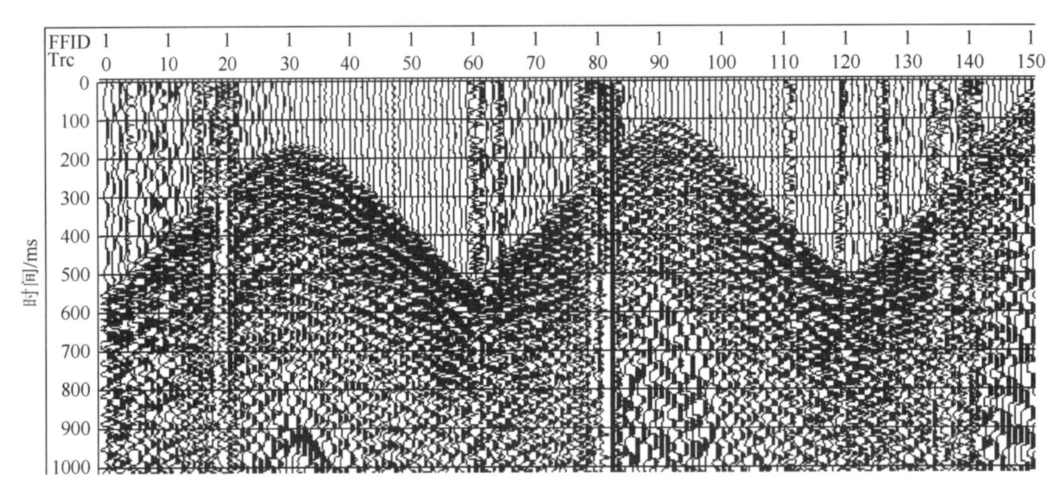

图 2-7 原始地震记录

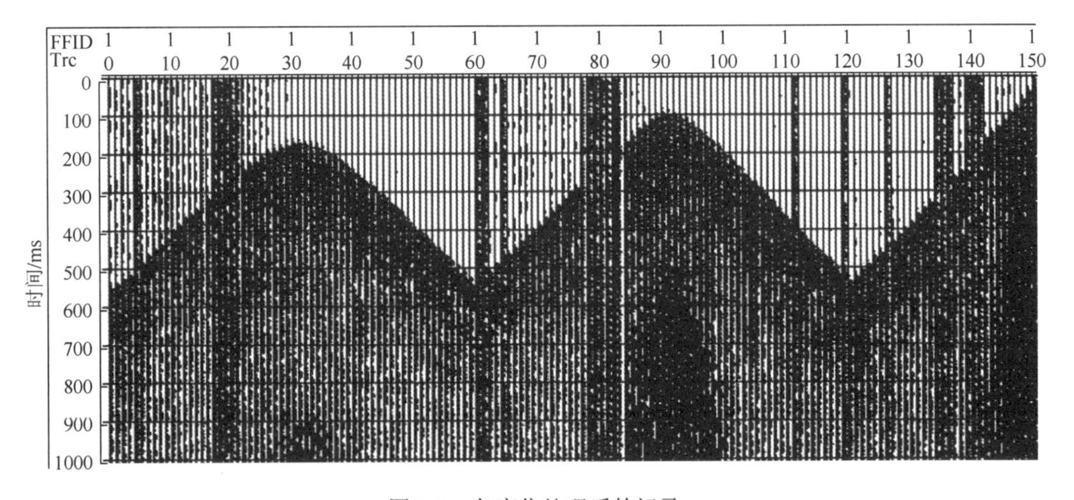

图 2-8 灰度化处理后的记录

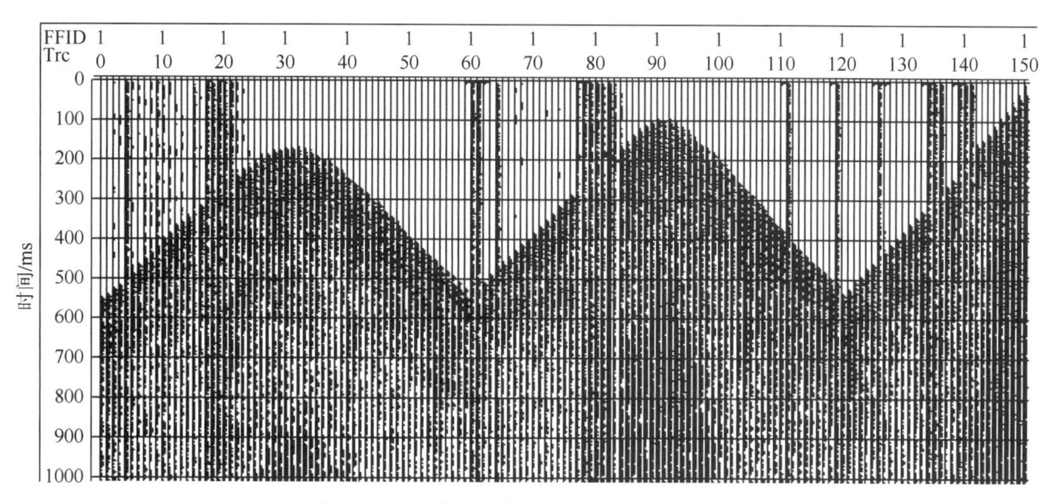

图 2-9　使用 Prewitt 算子对图 2-7 单炮进行边缘检测的结果

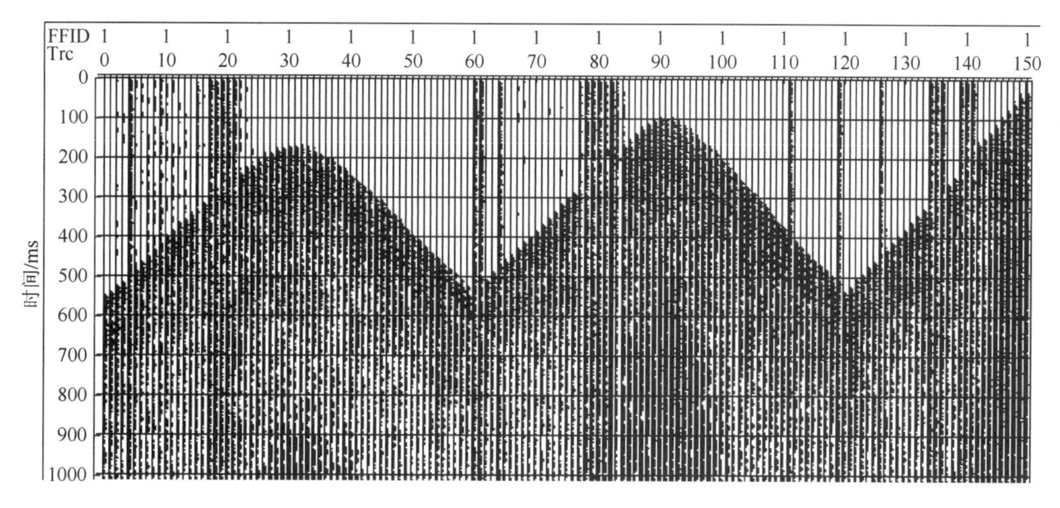

图 2-10　使用 Sobel 算子对图 2-7 单炮进行边缘检测的结果

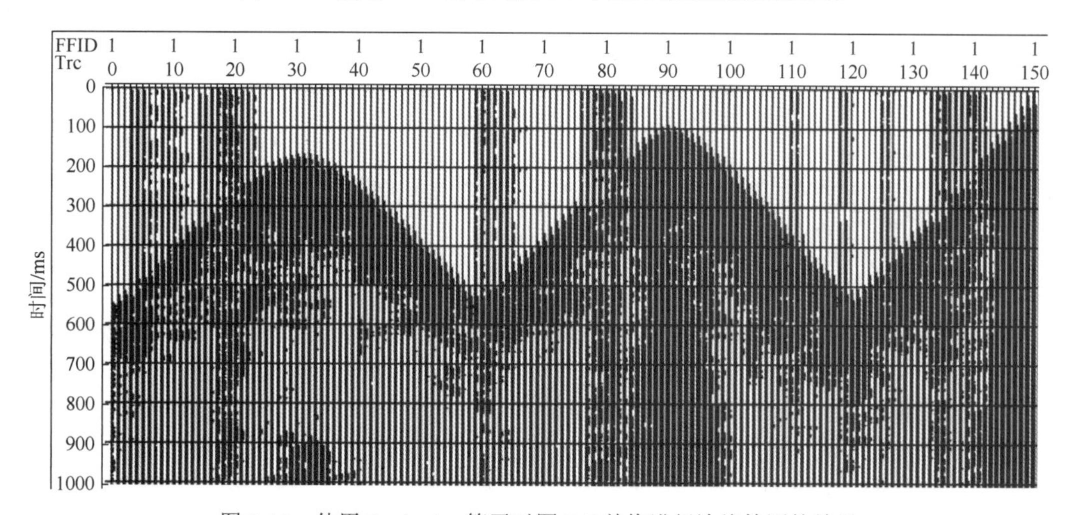

图 2-11　使用 Laplacian 算子对图 2-7 单炮进行边缘检测的结果

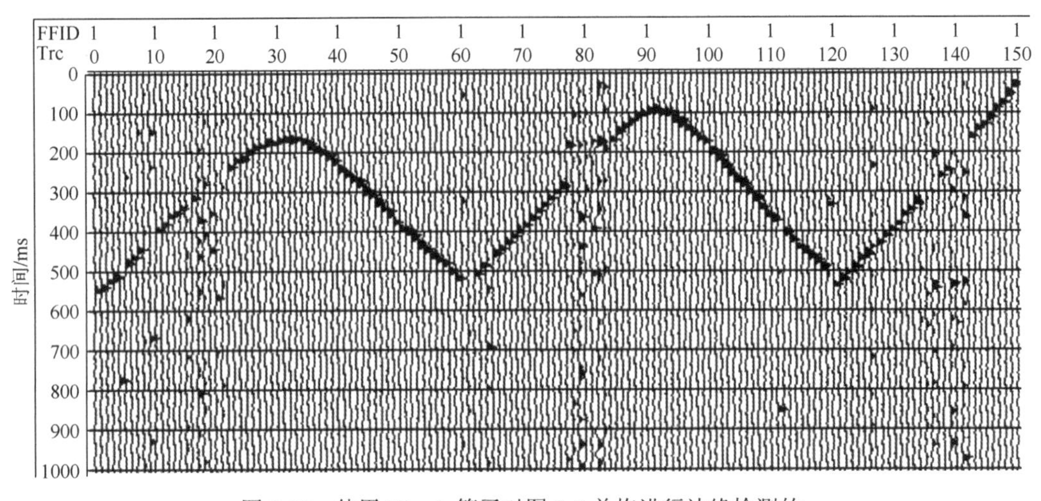

图 2-12　使用 Kirsch 算子对图 2-7 单炮进行边缘检测的

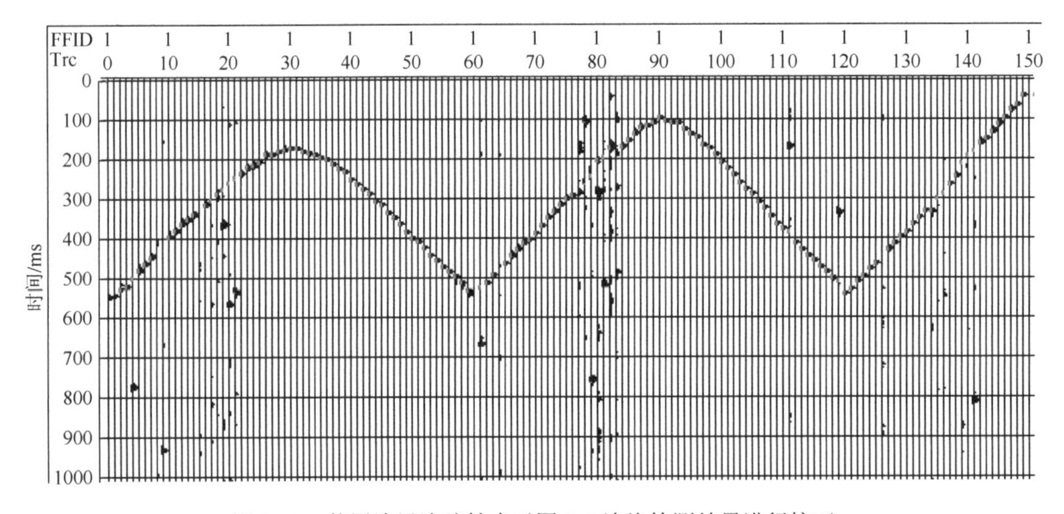

图 2-13　使用边界追踪技术对图 2-7 边缘检测结果进行校正

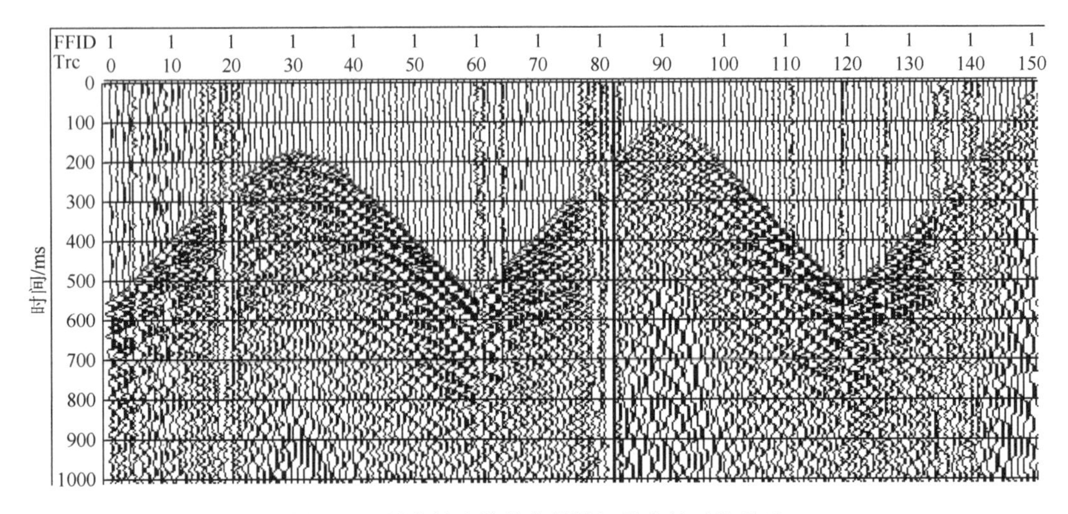

图 2-14　最终拾取结果在原始记录中的对比显示

2.2　基于初至波的静校正方法概况

复杂近地表结构不仅影响地震勘探的激发和接收，使野外采集难以获得较高信噪比的原始资料，而且严重影响地震资料的成像和振幅保真处理，弄清复杂地区近地表结构，对解决采集中的激发问题、资料处理中的静校正问题、波场延拓问题、振幅保真问题都具有十分重要的意义。

多年来人们发展了多种表层调查方法，例如较早提出的利用折射初至方法来建立地表模型的方法就有扩展广义相遇法、延迟时法等，这些方法由于只对地表简单、起伏不是很大的表层结构实现起来很有效，而对地表起伏很大的结构调查效果不理想，为此，限制了它们的应用。所以对这些方法深入研究，进行改进，以适应复杂地表的情况，是十分必要的。这方面工作在国内研究较少，但国外在这方面的研究一直没有间断，比如广义相遇法的提出者 Palmer（1981）一直致力于用这些方法来建立地表起伏大的模型。原因就在于这些方法比较容易实现，而且能够快速地建立表层模型，在实际生产中具有一定的优势，而且这些方法还有改进的可能性，在地表起伏很大的区域也能取得好的效果。

2.2.1　折射波静校正

折射波静校正的核心在于求取表层速度和厚度模型。根据表层模型求取方法不同，可以将折射波静校正方法分为：斜率-截距法、延迟时间法、互换法、扩展广义互换法、层析法、广义线性反演法等。下面简要介绍几种折射静校正方法的基本原理。

2.2.1.1　斜率-截距法

如图 2-15 所示的一个折射波解释模型，风化层速度为 v_0，界面速度为 v_r，如果不考虑地层倾角的影响，那么折射波初至到达时 t_a 为

$$
\begin{aligned}
t_a &= \frac{l_1 + l_2}{v_0} + \frac{x - (a_1 + a_2)}{v_r} \\
&= \frac{h_1 + h_2}{v_0 \cos\theta_c} + \frac{x - (h_1 + h_1)\operatorname{tg}\theta_c}{v_r}
\end{aligned}
\tag{2-14}
$$

式中，h_1 和 h_2——炮点和接收点上的法线深度，m；

θ_c——折射波临界角，(°)。

令 $x \to 0$ 则可得到截距时间 I：

$$
I = \underset{x\to 0}{t_a} = (h_1 + h_2)\left(\frac{2}{v_0 \cos\theta_c} - \frac{\operatorname{tg}\theta_c}{v_r}\right) \tag{2-15}
$$

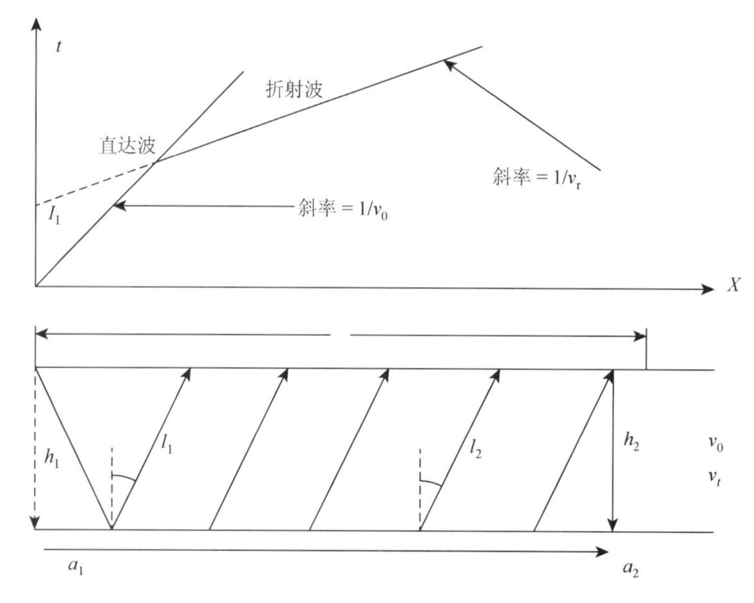

图 2-15　一个单层折射层解释模型

根据斯奈尔定律$\sin\theta_c = \dfrac{v_0}{v_r}$，并进行简单的三角几何运算，式（2-15）可以写成：

$$I = \frac{(h_1 + h_2)}{v_0}\frac{(h_0 + h_1)\cos\theta_c}{v_0} \tag{2-16}$$

式（2-16）建立了截距时间I与风化层参数（h, v_0, v_r）之间的关系，如果从记录上能得到截距时间I，就可进行风化层校正。速度v_r可以通过初至折射波的斜率来估算，当折射界面水平时，一般可满足精度要求。

速度v_0比较难以确定，一般可采用三种手段获取：①从记录初至中拾取明显的直达波的斜率；②根据本地区的经验给出一个替代值；③用扫描法比较叠加剖面效果来确定。当风化层横向厚度变化较大时，即$h_1 \neq h_2$，则在炮点和接收点处分别进行折射波的激发和接收，就能获得两个不同的截距时间I_1和I_2，从而由式（2-16）得到炮点和接收点的风化层厚度。这就是利用初至折射波的斜率和截距时间估算表层结构进行静校正的斜率截距法。

2.2.1.2　互换法

互换法是利用两条相近射线路径的初至时差来估算某一观测点的时间深度，然后将时间深度换算成折射界面的深度，从而建立近地表折射界面模型。在此基础上又派生出了更完善的各种互换法：广义互换法（GRM）、扩展广义互换法（EGRM）等。

1. 时间深度定义

先讨论最简单的情况，假设地下有一平折射界面，如图 2-16 所示，A 点激发 B 点接收，初至折射时间为T_{AB}，T_{AB}可表示为

$$T_{AB}=\frac{H_A\cos\theta_c}{v_0}+\frac{H_B\cos\theta_c}{v_0}+\frac{\overline{AB}}{v_r} \tag{2-17}$$

式中，$\overline{AB}$——A、B 两点之间的水平距离，m；

H_A、H_B——A 点与 B 点下方风化层的厚度，m；

θ_c——临界角，(°)；

v_0、v_r——风化层速度和界面速度，m/s。

当折射界面水平或者 $H_A=H_B$ 时，截距时间 I_{AB} 为

$$I_{AB}=\frac{2H_A\cos\theta_c}{v_0} \tag{2-18}$$

把 A 点的时间深度定义为

$$T_A=\frac{H_A\cos\theta_c}{v_0} \tag{2-19}$$

由此可见，一个点上的时间深度数值等于截距时间的一半。

2. 互换法确定时间深度

在图 2-17 中，利用 A 点激发 G 点接收和 B 点激发 G 点接收所得到的初至折射旅行时间 T_{AG} 和 T_{BG} 确定 G 点的时间深度 T_G：

$$T_G=(T_{AG}+T_{BG}-T_{AB})/2 \tag{2-20}$$

仿照式（2-17），写出 T_{AB}，T_{AG}，T_{BG} 的表达式，并进行简单的运算可得

$$T_G=\frac{H_G\cos\theta_c}{v_r} \tag{2-21}$$

由此可见，按照式（2-20），利用观测值 T_{AB}、T_{AG}、T_{BG}，就可以确定 G 点的时间深度 T_G，这种方法也被称为互换法（RM）。在多次覆盖观测中，不难得到 T_{AB}、T_{AG}、T_{BG} 的观测值。

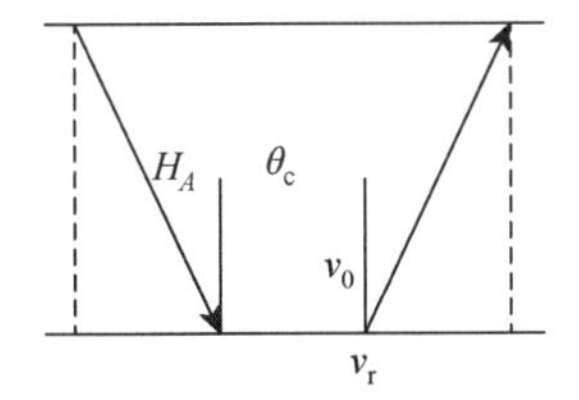

图 2-16　单层折射模型

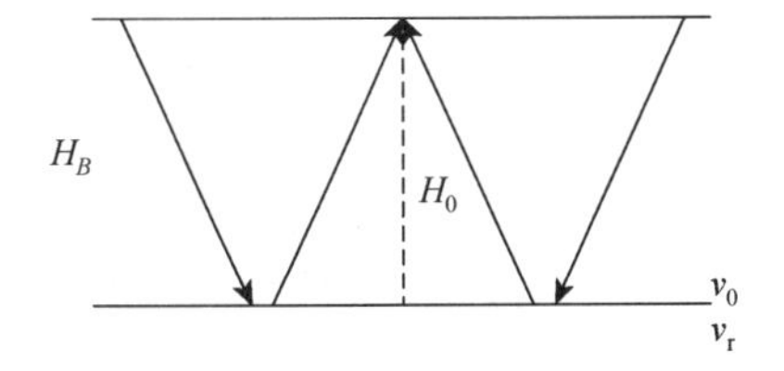

图 2-17　时间深度值确定

如果 G 不在接收点上，如图 2-18 所示，仿照上面所述，可以写出 T_G 的一般形式：

$$T_G=(T_{AG}+T_{BG}-T_{AB})/2-\frac{\overline{XY}}{2v_r} \tag{2-22}$$

这个等式中第一项与式（2-20）相同，第二项称为补偿项，是由于 X、Y 两点与 G 点不重合所产生的，式（2-22）比式（2-20）要广泛些，故被称为广义互换法（GRM）。

更一般的情况是测线弯曲，站间隔不等，或炮点偏离测线，这时式（2-22）就变成更一般的形式：

$$T_G = (T_{AG} + T_{BG} - T_{AB}) / 2(AY + BX - AB) / 2v_r \tag{2-23}$$

式（2-23）中第一项称为互换项，第二项称为偏移距剩余项，它代表了更一般的情况，故被称为扩展广义互换法（EGRM）。

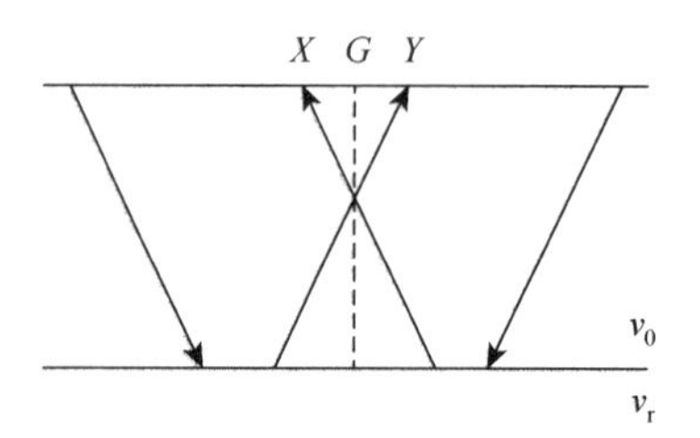

图 2-18　GRM 确定时间深度

3. 折射界面深度计算

根据式（2-21），折射界面的深度 H_G 为

$$H_G = \frac{T_G v_0}{\cos\theta_c} = \frac{T_G v_0 v_r}{\sqrt{v_r^2 - v_0^2}} \tag{2-24}$$

由此可知，要确定 H_G，必须知道 T_G、v_0、v_r 三个参数。如果能准确地拾取记录初至时间，根据式（2-21）、式（2-22）或式（2-23）可以确定 T_G。速度 v_0 比较难以确定，可以按照前面叙述的方法确定。速度 v_r 可以通过初至波的斜率来估算。也可以用五点差值法估算 v_r 的值。

图 2-19 展示了用 5 点差值法确定 v_r 值的示意图。

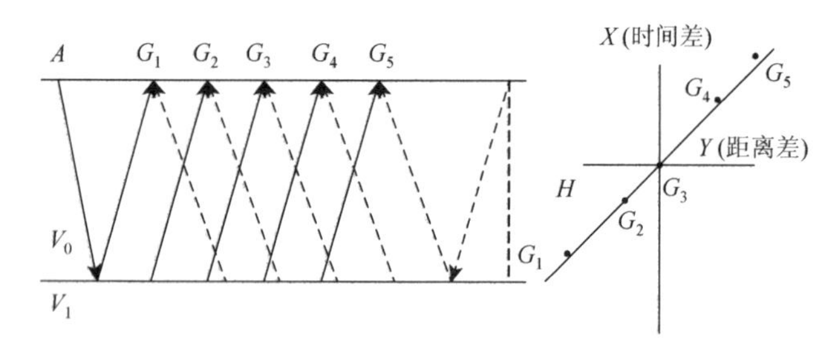

图 2-19　五点差值估算 v_r 值

A 和 B 为两个激发点，G_1、G_2、G_3、G_4、G_5 为 5 个接收点，由式（2-17）可知：

$$T_{AG_1} = \frac{\overline{AG_1}}{v_r} + \frac{2h\cos\theta_c}{v_0}$$

$$T_{BG_1} = \frac{\overline{BG_1}}{v_r} + \frac{2h\cos\theta_c}{v_0}$$

上面两式相减，可得

$$T_{AG_1} - T_{BG_1} = \frac{\overline{AG_1} - \overline{BG_1}}{v_r} \tag{2-25}$$

因此，如果以时间差和距离差组成直角坐标，把在 5 个接收点上产生的上述数值点在坐标内，通过 5 个点拟合一条直线，这条直线的斜率就是要求的速度 v_r 值。

每一点折射界面的深度一旦确定，就得到了折射界面模型，从而就可以计算出各点的静校正量。上述互换法确定近地表模型的关键是根据要确定的各点的初至折射波旅行时间，来确定各点的时间深度，因此，初至拾取将是影响互换法折射静校正成功的关键。

如果速度 v_0 求取准确，互换法可以取得比较好的效果。但互换法存在一个严重的问题：只能反演出有炮点分布的地区的表层结构，而对于测线两头没有炮点分布的地区无能为力。这些数据对于反演表层结构也是很重要的，选择合适的算法是可以求解的。

2.2.2　延迟时静校正

初至折射波静校正法与模型法、沙丘曲线法等静校正方法相比，具有能够拾取真实高频静校正量成分的特点。二维初至折射波静校正方法发展比较成熟，已经得到了广泛应用；三维初至折射波静校正由于不能应用炮点和检波点可互换的原理，其应用范围受到了限制。为此，有很多地球物理学家对此方法开展了深入的研究，并提出了一些方法。大体上分为时间项法和层析法两类。时间项法由于具有方法简单、处理速度快等特点，因此应用得较多。实际上在具有连续折射层的地区，用时间项技术就能解决问题，不必花大量时间做层析静校正。

很多人研究了利用时间项技术求解三维静校正的问题，主要是对这种求解方法引起的不确定性问题提出了不同的解决办法。例如，Wiggins（1976）详细分析了这类方法超定与欠约束问题并存的情况，进而提出了广义线性反演方法，把观测时间分解为特征向量的线型组合，每一个特征向量对应一组模型参数；Baixas 等（1949）利用时间项技术建立炮点、检波点延迟时方程组，并利用一种类似最小二乘法的方法求解方程组，其中涉及矩阵的求逆，并且指出此矩阵是病态的。Taner 等（2012）也认为，利用时间项技术建立大型方程组求解的方法是“二维和三维静校正统一的方法”，同时，为了能够求解所建立的时间项方程组，他给出了分两步求解的思路。该方法在简单情况下能够消除高速层顶面对地震波传播时间的影响；在复杂情况下，能够使这种影响达到很小。崔庆辉等（2009）也对三维情况下延迟时分解方法进行了讨论。

根据以上成果，研究这样一种方法：利用时间项技术建立大规模超定方程组，然后进行求解以获得静校正量。其基本思想是：对于每一对激发-接收点，建立一个地震波旅行时方程；对于一个三维工区的所有有效的激发-接收点对，建立一个超大规模的、超定的方程组；解这个方程组，得到激发点和接收点的延迟时以及地震波在高速层顶面的传播速度，从而获得炮点、检波点的静校正量。

如图 2-20 所示：设 A 为炮点，B 为检波点，A 点、B 点的表层厚度分别为 z_a、z_b，临界角为 α，则 A 点激发，B 点接收到的折射初至时间为

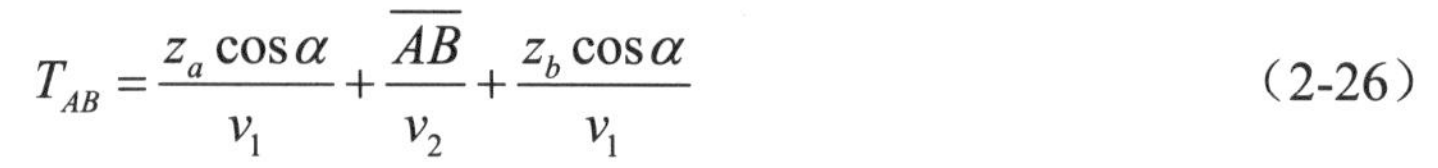

$$T_{AB}=\frac{z_a\cos\alpha}{v_1}+\frac{\overline{AB}}{v_2}+\frac{z_b\cos\alpha}{v_1} \tag{2-26}$$

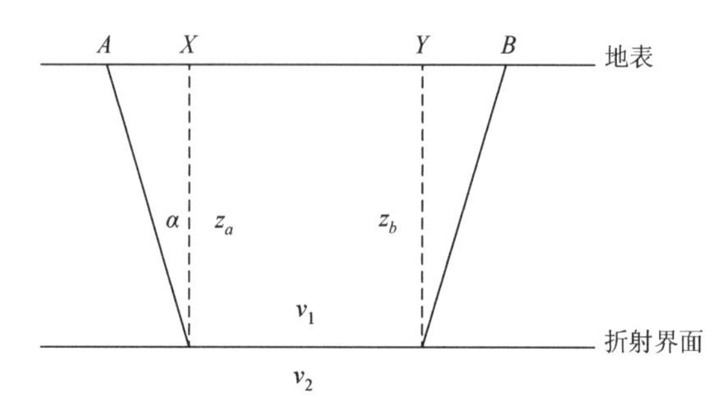

图 2-20　折射模型

在此，引入延迟时的概念，所谓延迟时就是指地震波从激发点经折射界面滑行传播到接收点所用的时间相对于地震波从激发点直接以折射层速度传播到接收点所用的时间有一个延迟，这个延迟时可以分解为炮点延迟时和检波点延迟时。如图 2-20 所示模型，可以推导出炮点、检波点的延迟时分别为

$$T_A=\frac{z_a\cos\alpha}{v_1} \tag{2-27}$$

$$T_B=\frac{z_b\cos\alpha}{v_1} \tag{2-28}$$

设 $t_{AB}=\frac{\overline{AB}}{v_2}$，则式（2-26）可写为

$$T_{AB}=T_A+t_{AB}+T_B \tag{2-29}$$

式（2-29）就是折射波旅行时方程。

根据以上原理，可以由两种算法实现，第一种方法是在一个炮集内求取折射层速度，第二种方法是将折射界面在水平面内离散成小网格后，求取每个小网格的速度。

2.2.2.1　方法一实现过程

设 S_i 为第 i 个炮点的延迟时，v_i 为每个炮集内的折射层速度，R_j 为第 j 个检波点的延迟时，T_{ij} 为第 i 个炮点到第 j 个检波点的折射初至，L_{ij} 为第 i 个炮点到第 j 个检波点的偏移距，则（2-29）式可写为

$$T_{ij}=S_i+R_j+\frac{L_{ij}}{v_i} \tag{2-30}$$

（1）首先给每个炮点的延迟时 S_i 和每个炮集内的折射层速度 v_i 一个初始值。

（2）根据式（2-30），在共检波点域，由 S_i 和 v_i 已知可计算出每个检波点的总的延迟时，再对其取算术平均，得到每个检波点的延迟时 R_j。

（3）根据式（2-30），在共炮点域，由 R_j 和 v_i 已知可计算出每个炮点的总的延迟时，再对其取算术平均，得到每个炮点的延迟时 S_i。

（4）根据式（2-30），在共炮点域，由 S_i 和 R_j 已知，通过线性拟合 *L-T* 曲线计算出每个炮集内的折射层速度 v_i。

（5）循环执行（2）～（5），直到满足收敛条件。

2.2.2.2　方法二实现过程

1. 折射层速度的离散化

如图 2-21，根据工区内所有物理点的坐标，确定工区范围，然后把折射面在水平面内离散为若干小网格（假设折射层是水平的），为每一个网格分配一个慢度，设 *A*、*B* 分别为炮点、检波点在折射面的投影，*P* 为横向网格数，*Q* 为纵向网格数，U_{mn} 为第 *m* 行、第 *n* 列网格的慢度，d_{mn} 为线段 *AB* 在每个网格内的长度，则式（2-30）又可以表示为

$$T_{AB}=T_A+T_B+\sum_{m=1}^{P}\sum_{n=1}^{Q}U_{mn}d_{mn} \tag{2-31}$$

式（2-31）为离散形式的折射初至方程。

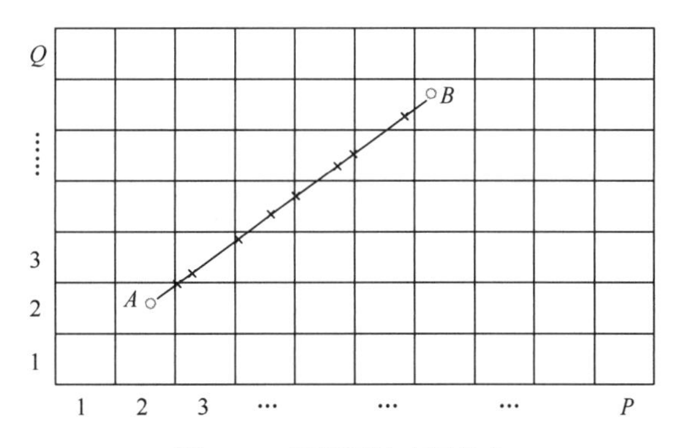

图 2-21　折射层速度网格化

网格为矩形，其大小应根据工区实际情况和计算速度而定。网格划分越小，反演的近地表结构越精细，但计算速度就会变慢。因此，如果工区近地表结构较简单，可将网格适当选大些，以提高计算速度。

2. 建立折射初至方程组

式（2-31）是一个炮检对的折射初至方程，对于一个工区来说，有很多这样的炮检对，假设每个炮点和检波点的延迟时都是唯一的，那么就可以得到一个方程组。

设 S_i 为第 *i* 个炮点的延迟时，R_j 为第 *j* 个检波点的延迟时，T_{ij} 为第 *i* 个炮点到第 *j* 个

检波点的折射初至，对每一个炮检对的初至时间建立这样一个方程，设共有ω个炮检对，则得到ω个方程，即方程组：

$$T_{ij}^{(k)}=R_i^{(k)}+S_j^{(k)}+\left(\sum_{m=1}^{P}\sum_{n=1}^{Q}U_{mn}d_{mn}\right)^{(k)},\quad k=1,2,3,\cdots,\omega \tag{2-32}$$

由此，得到了一个方程组，这个方程组中的待求变量就是炮点延迟时、检波点延迟时、折射层速度。

其中的主要工作在于确定每个旅行时方程的系数，也就是计算每个炮检对的射线在每个网格内的长度。具体做法是由炮点位置和检波点位置确定出炮点与检波点所在直线的方程，然后分别计算水平网格线和垂直网格线与该直线的交点，再对这些交点用快速排序法排序，最后确定出射线在每个网格内的长度。

3. 求解折射初至方程组

式（2-32）是一个超大规模的非常稀疏的严重超定方程组，同时它也是欠约束的。由于其病态性质，对这个方程组直接求解是不收敛的，应该分两步循环迭代求解此方程组，如下：

第一步，给U_{mn}赋初值，并设

$$T^{(k)}=T_{ij}^{(k)}-\left(\sum_{m=1}^{P}\sum_{n=1}^{Q}U_{mn}d_{mn}\right)^{(k)} \tag{2-33}$$

$$k=1,2,3,\cdots,\omega$$

则式（2-32）变为

$$T^{(k)}=S_i^{(k)}+R_j^{(k)},\quad k=1,2,3,\cdots,\omega \tag{2-34}$$

假设有 3 个炮点，4 个检波点，则写成矩阵形式如式（2-35），用数值方法解此方程组，得到S_i,R_j的值。

$$\begin{cases}S_1+R_1=T_{11}\\S_1+R_2=T_{12}\\S_1+R_3=T_{13}\\S_1+R_4=T_{14}\\S_2+R_1=T_{21}\\S_2+R_2=T_{22}\\S_2+R_3=T_{23}\\S_2+R_4=T_{24}\\S_3+R_1=T_{31}\\S_3+R_2=T_{32}\\S_3+R_3=T_{33}\\S_3+R_4=T_{34}\end{cases}\Rightarrow\begin{bmatrix}1001000\\1000100\\1000010\\1000001\\0101000\\0100100\\0100010\\0100001\\0011000\\0010100\\0010010\\0010001\end{bmatrix}\begin{bmatrix}S_1\\S_2\\S_3\\R_1\\R_2\\R_3\\R_4\end{bmatrix}=\begin{bmatrix}T_{11}\\T_{12}\\T_{13}\\T_{14}\\T_{21}\\T_{22}\\T_{23}\\T_{24}\\T_{31}\\T_{32}\\T_{33}\\T_{34}\end{bmatrix} \tag{2-35}$$

第二步，把 S_i, R_j 的值代入式（2-32），并设

$$V = T_{ij} - S_i - R_j \tag{2-36}$$

则式（2-36）变为

$$V^{(k)} = \left(\sum_{m=1}^{P} \sum_{n=1}^{Q} U_{mn} d_{mn} \right)^{(k)} \tag{2-37}$$

其中，$k = 1,2,3,\cdots,\omega$ 为方程的个数。假设高速层顶面被分解为 E 个网格，则未知向量可以表示成：

$$\boldsymbol{X} = (U_1, U_2, \cdots, U_E)^{\mathrm{T}} \tag{2-38}$$

式（2-38）也可以写成矩阵形式：

$$\boldsymbol{AX} = \boldsymbol{B} \tag{2-39}$$

其中，$\boldsymbol{B}$ 为初至时间值减去炮点、检波点的延迟时所形成的向量，即

$$\boldsymbol{B} = (T_1, T_2, T_3, \cdots, T_D) \tag{2-40}$$

其中，D 为所拾取的有效的初至个数，亦即矩阵 $\boldsymbol{A}$ 的行数。矩阵 $\boldsymbol{A}$ 具有以下形式：

$$\boldsymbol{A} = \begin{bmatrix} L_{11} & L_{12} & L_{13} & 0 & 0 & 0 & 0 & \cdots & 0 & 0 \\ 0 & 0 & 0 & L_{24} & L_{25} & L_{26} & 0 & \cdots & 0 & 0 \\ 0 & 0 & 0 & 0 & L_{35} & L_{36} & L_{37} & \cdots & 0 & 0 \\ & & & & \cdots & \cdots & & & & \\ 0 & 0 & 0 & 0 & 0 & 0 & 0 & \cdots & L_{q,p-1} & L_{q,p} \end{bmatrix} \tag{2-41}$$

其中，$L_{ij}(i = 1,2,3,\cdots,q, j = 0,1,2,\cdots,p)$ 为第 i 个炮检对的折射波在高速层顶面第 j 个网格中旅行的长度。用数值方法解此方程组，得到 U_{mn} 的值。

循环执行上述两步，直到前后得到的解向量的差的范数小于给定值为止。

以上反演问题归结为求解方程组式（2-32）和式（2-37）的解，此类方程组通常是大型、稀疏、强超定、欠定甚至不相容的方程组，所以要求求解此方程组的算法具有稳定、收敛、节省内存、效率高等特点。目前，适用的算法有很多，其中最为基本的算法有代数重建方法、共轭梯度方法、滤波反投影方法、SVD 方法等。这里主要介绍代数重建方法（ART 方法）和联合迭代法（SIRT 方法）。

ART（aigebraic reconstruction technique）方法是按射线依次修改有关网格的慢度向量的一类迭代算法。其迭代过程为：首先，给定慢度向量的初值 $f_j^0 (j = 1,2,\cdots,N)$，然后，循环地按照方程组的第一个方程到最后一个方程，依次对慢度向量 $f_j\,(j = 1,2,\cdots,N)$ 进行修正，直到修正后的慢度向量满足预定误差的要求为止。

在方程中令旅行时向量产生一个增量 Δf_j，有

$$\Delta p_i = \sum_{j=1}^{N} \Delta f_j w_{ij}, \quad i = 1,2,\cdots,M \tag{2-42}$$

作为迭代算法要根据第 i 条射线的走时差 Δp_i 求慢度的修改增量 Δf_j。一般使用以下修正公式：

$$\Delta f_j = w_{ij}\Delta p_i / \sum_{i=1}^{M} w_{ij}^2 \quad (2\text{-}43)$$

式（2-43）称为加法修正公式。

综上所述，ART 方法的具体步骤为：

（1）选定初值 $f_j^{(0)}(j=1,2,\cdots,N)$。

（2）计算第 i 个观测值与第 i 个方程的估算值之差 $\Delta p_i^{(k)}$。

（3）计算慢度向量 $f_j^{(k)}(i=1,2,\cdots,N)$。

其中，k 从 1 开始递增。对于每个 k 都作（2）、（3）两步。随着 k 的递增，其对应的从第一个方程到最后一个方程逐轮循环。每完成一轮循环，要判定迭代结果满足预定误差的要求，满足则停止，不满足则进入下一轮循环。每次完成第（3）步后，需要对 $f_j^{(k)}(j=1,2,\cdots,N)$ 加以约束。

最优化准则和联合迭代重建技术（SIRT）也称逐点重建法，最初是由 Gilbert（1972）提出。SIRT 和 ART 类似，其区别在于：ART 每次修正值只考虑一条射线，SIRT 则是利用一个网格内通过的所有射线的修正值来确定这一网格的平均修正值。SIRT 是所有射线通过计算以后，才完成一次迭代。取平均修正值可以压制一些干扰因素，在一定程度上削弱误差的影响，提高速度反演的质量，而且 SIRT 的计算结果与观测数据使用顺序无关，使用起来更为灵活。

SIRT 算法具体实现步骤：

（1）对每一个网格预设慢度估计值 $f_j^0(j=1,2,\cdots,N)$。

（2）根据已知的各网格慢度计算各个方程的旅行时：

$$q_i = \sum_{i=1}^{M} w_{ij} f_j^k, \quad i=1,2,\cdots,M \quad (2\text{-}44)$$

式中，f_j^k——第 k 次迭代第 j 个网格的慢度估计值。

（3）计算实际旅行时与计算旅行时之差 Δp_i：

$$\Delta p_i = p_i - q_i, \quad i=1,2,\cdots,M \quad (2\text{-}45)$$

（4）计算各旅行时方程对各网格慢度的修正量 $\Delta f_{ij}^k, i=1,2,\cdots,M, j=1,2,\cdots,N$。

计算方法与 ART 算法相同，见式（2-43）。

（5）计算第 j 个网格的慢度的平均修正量：

$$\Delta f_j^k = \frac{1}{N_j}\sum_{i=1}^{N_j} \Delta f_{ij}^k \quad (2\text{-}46)$$

（6）以平均修正量为本次迭代的修正量对各网格慢度进行修正：

$$f_j^{k+1} = f_j^k + \Delta f_j^k, \quad j=1,2,\cdots,N \quad (2\text{-}47)$$

（7）对所求的各网格慢度进行收敛程度判断：

$$| f_j^{k+1} - f_j^k | < \varepsilon \quad (2\text{-}48)$$

其中，ε 为设定的误差界，若式（2-48）满足条件则停止迭代，否则重复（2）～（7），直到收敛准则满足。

实验证明，SIRT 算法收敛更快，计算更稳定，成像质量更好。该算法可以直接对超定方程组求解而不需把超定线性方程组转化为正则方程组，关于该算法的收敛性有如下结论：

（1）如果方程组有唯一解，最终可以得到精确解。

（2）如果方程组解不唯一，收敛到二次最优解。

一个接近真实解的初始值能够使计算很快收敛，在应用 SIRT 算法求解方程组式（2-33）和式（2-37）时，各变量的初始值是这样给定：在共炮点（检波点）集内对炮检距-初至时间进行直线拟合，将所得截距的 1/2 作为炮点（检波点）延迟时初值，所得斜率作为高速层慢度初值。

以上论述都是假设近地表只存在一个折射层的情况，当近地表存在 n 个折射层的情况时（图 2-22），式（2-29）可以改写为

$$T_{AB} = T_A + \frac{\overline{AB}}{v_n} + T_B \tag{2-49}$$

其中，$T_A = \sum_{i=1}^{n} z_{ai} \cos\alpha_i / v_i, T_B = \sum_{i=1}^{n} z_{bi} \cos\alpha_i / v_i, i = 1,2,\cdots,n$ 。

式中，z_{ai}, z_{bi}——A 点、B 点处各折射层厚度，m；

α_i——射线在第 i 层的入射角，(°)。

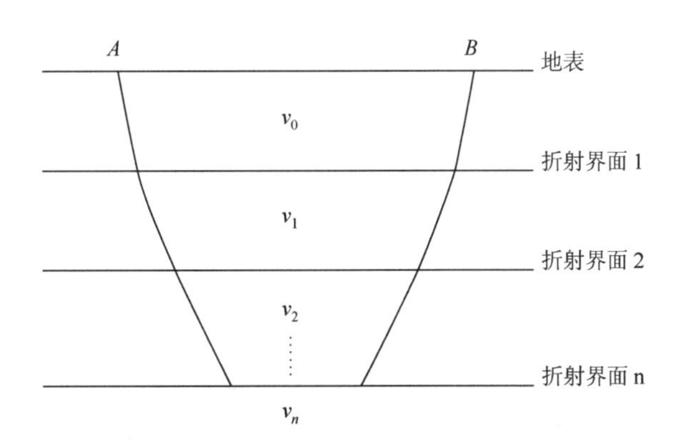

图 2-22　多折射层地表模型

根据每层初至分布在不同的炮检距范围，计算某层时，选定该层炮检距范围内的初至，自上而下，逐层反演计算，方法与单层模型相同。

2.2.2.3　实际应用及效果

下面对原始单炮、高程静校正和折射静校正后的单炮进行对比，见图 2-23。

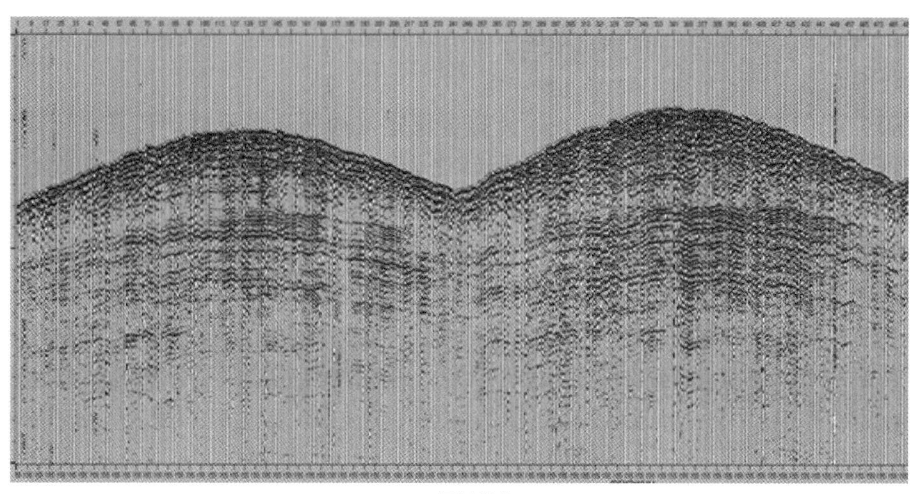

(a) 原始单炮

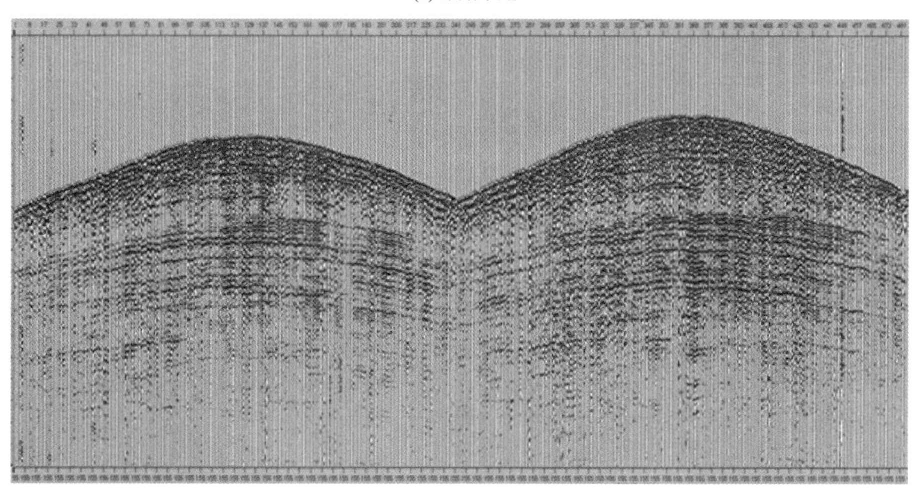

(b) 高程静校正后

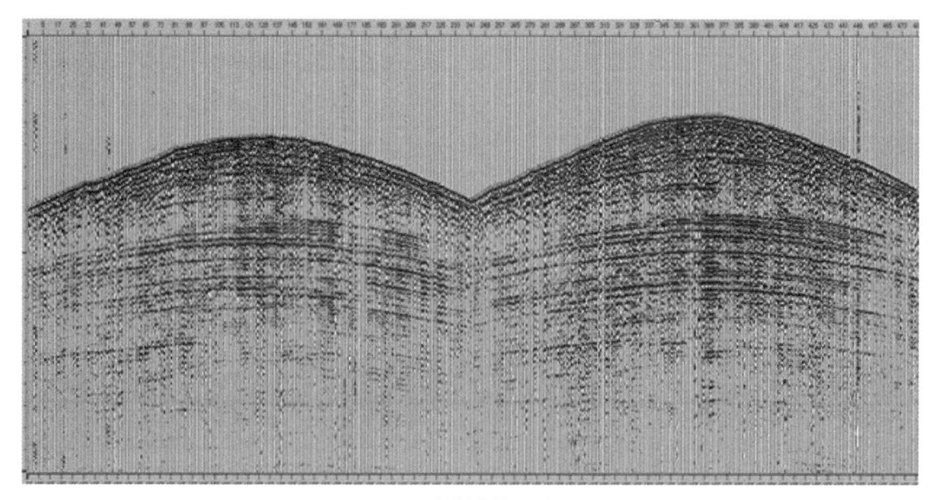

(c) 折射静校正后

图 2-23　共炮点道集记录静校正对比

由图 2-23 可以看到，由于静校正前存在较大的静校正量，折射波初至曲线被扭曲，粗糙不平，同时反射波同相轴也失去双曲线特征，如果不做静校正，势必对后续处理造成不良影响。做了高程静校正后，情况有所改善，但是仍不理想，做了折射静校正后，静校正异常基本消除，初至时间曲线变光滑，反射波同相轴的双曲特征更加明显，折射静校正效果明显优于高程静校正。

由图 2-24 可以看出，经过高程静校正后，近地表对剖面的影响远未消除，信噪比依然很低，从浅层到深层，同相轴连续性极差，同相轴出现严重抖动，不符合地质规律。经过折射静校正后，剖面整体质量明显提高，同相轴连续性增强，成像清晰（图 2-24 框线标注处较明显）。

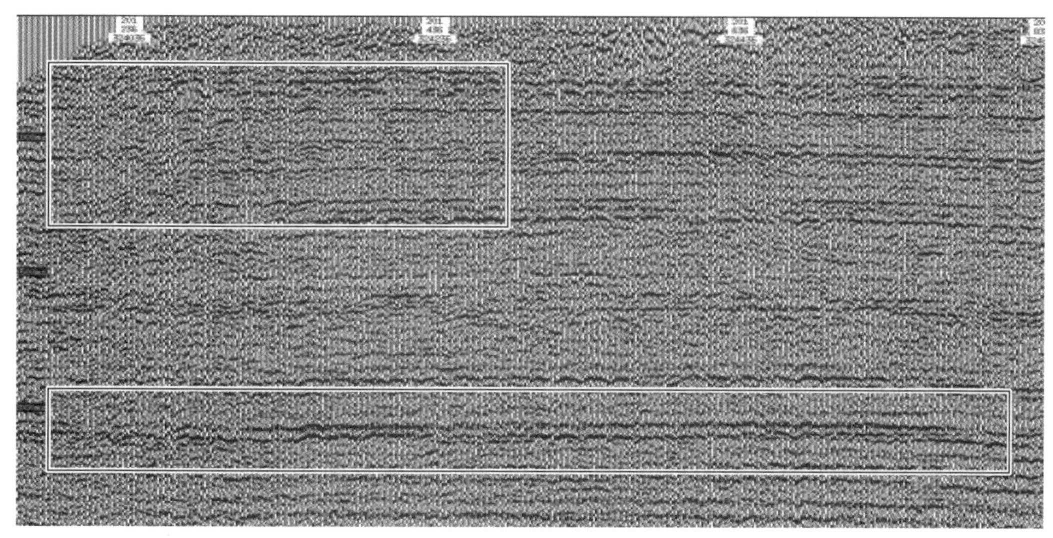

(a) 高程静校正叠加剖面

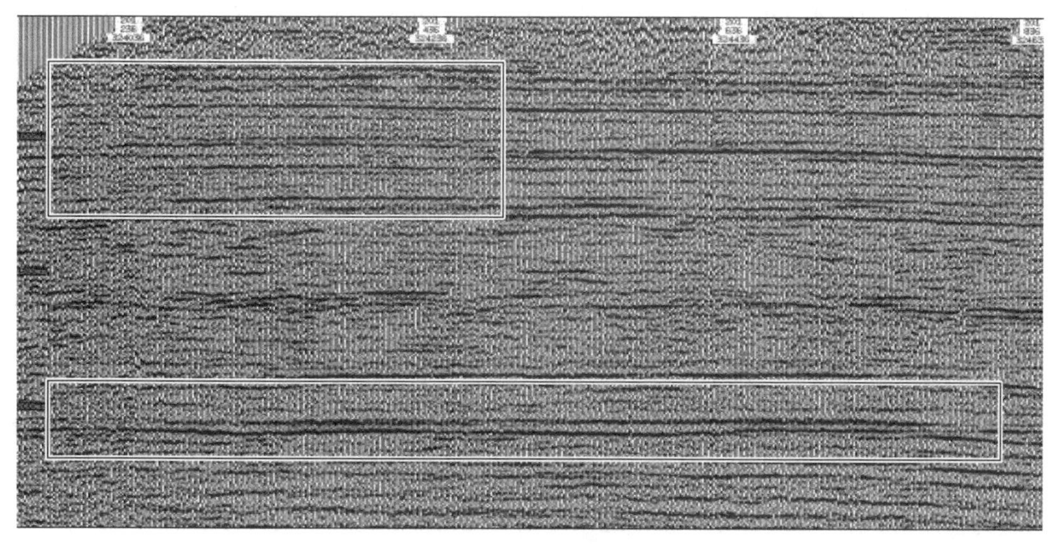

(b) 折射静校正叠加剖面

图 2-24　高程静校正与折射静校正叠加剖面对比

通过以上处理对比和效果分析，可以看出，折射静校正方法能够有效地减小近地表对地震剖面的影响，得到高质量的叠加剖面。

2.2.3 层析静校正

前面介绍的利用初至波进行静校正的方法中，一般基于某些假设（要求折射层和低速带速度横向变化较小）导出近地表模型，当假设条件不成立时，计算效果往往得不到保障。此时，使用层析静校正算法往往会取得较好的效果。

地震记录上的初至波包括直达波、透射波、回折波、临界折射波等。过去较长一段时间，人们经常利用折射波层析反演层状介质的厚度和速度。最初，一般假设第一层介质的速度是已知的，即通过直达波或井孔资料得到，只需确定折射层的深度和速度。事实上，这种假设常常是不实际的、无效的。后来，人们考虑第一层的速度未知，把它与下伏折射层的速度和深度一起作为未知量来反演求解。这类方法一般认为上覆低速层的速度只是水平变化的，因此把低速层划分成水平排列的常速度单元，每个单元的顶面为观测面，底面为折射面，使用基于 Snell 定理的折射波正演方法。但是，在折射初至难以识别，或者不能用层状模型表达实际介质的速度结构以及近地表层速度随深度变化的情况下，这类方法均受到限制。

近十多年来，随着基于 Fermat 原理的多种射线和波前追踪技术的提出和使用，弯曲射线（或回折波）层析成像吸引了许多研究者。弯曲射线层析成像方法可以较好地模拟介质横向和纵向的速度变化，能同时考虑直达波、透射波、回折波、折射波等初至波，为确定近地表速度结构提供了有效的工具。以前我国在这方面的研究较少，而近年正处于研究热潮。如李录明（2000）等把近地表模型离散成矩形单元，每个单元内的速度用由单元网格点速度得到的双线性函数表示，用最短路径法进行射线追踪正演，用带阻尼的最小 QR 分解迭代算法求大型稀疏矩阵方程。李家康等（2001）采用矩形网格单元，用有限差分解程函方程方法计算射线路径和旅行时，用约束最小二乘迭代算法求解超大型层析反演方程。张建中（2003）采用双线性函数表示的速度单元，使用旅行时插值射线追踪方法确定射线路径，用 LSQR 解约束非线性最优化反问题。这些研究都取得了一定的效果。

反演问题是层析成像技术研究的中心内容之一。由于地震资料观测的有限孔径和很弱的边界条件约束，使得层析反问题总是不适定的，一般不存在经典意义下的解，只能给出某种范数下的约束解。为了获得稳定的解，需要对反演问题进行正则化约束处理。目标函数包括两项：一项是量度旅行时资料拟合度的范数，一项是反映模型光滑度的范数，再用正则化因子对这两项进行折中处理。

在解反演问题中，基于传统优化算法的线性迭代反演方法容易陷入局部极小解；而非线性局部优化层析反演方法逐渐得到人们的青睐，但这类方法最终解的好坏极大地依赖于给定的初始解。由于遗传算法、模拟退火等全局优化方法克服了前类方法的缺点，且不需计算目标函数的梯度，近几年来，被不断地应用于求解地球物理层析反演问题。模拟退火算法和遗传算法解地震初至旅行时层析反问题，取得了一定的效果，这表明全局寻优算法在解决地震层析反演上是有较大前景的。但是，在初至旅行时层析反演中，这类算法的计算时间让人难以忍受，而且模型的复杂性和反演问题的高维性，以及收敛速度慢等问题，极大地影响着全局优化算法的应用效果。研究约束非线性反演算法或把局部优化算法和全局优化算法有机结合，提高反演过程的稳定性、可靠性和效率，是反演优化算法的热点问题和发展方向。

初至旅行时速度层析成像需要解决的关键技术问题：

如前所述，初至旅行时层析成像方法也由这几大步骤组成：初至旅行时的拾取、模型建立和正演模拟、反演问题求解和对解的评价。根据目前现状，要获得实用的初至旅行时层析成像方法，就必须不懈地解决每个环节中的技术难题。

（1）初至旅行时的拾取。拾取各震源-检波器记录的地震初至旅行时，为层析成像提供基础数据。这是初至层析成像中关键的一环。初至拾取实际上涉及对浅层叠前地震数据进行解释。人工拾取很慢，自动拾取的旅行时也会存在误差，影响层析结果。在复杂地区，人工也往往难以取得正确的初至时间。因此，需要研究复杂地区地震初至波的规律和特征，能对单炮记录上的初至波有正确的认识，在此基础上，再发展提高拾取效率的方法技术，达到正确、可靠、快速拾取初至时间的目的。

（2）射线路径和初至时间的计算。射线层析成像需要用射线追踪方法计算旅行时和射线路径。射线追踪是地震旅行时层析成像中最耗时的一环，而且计算旅行时和射线路径的误差严重影响层析成像的精度。因此，高精度、高效率的射线追踪方法也是层析成像的关键之一。

（3）不同初至时间的同时利用。地震记录上的初至波可能含有直达波、临界折射波、回折波、透射波等，而有些地震初至旅行时层析成像方法，仅能利用其中的某一种波（如折射波），那么就需要从地震记录中识别出这种波，这在实际上却很难正确做到。实现同时利用不同类型初至波的层析成像方法，不仅可以省掉从记录上识别出一种初至波的难题，还可以减少多解性，提高可靠性。这就要求研究能同时计算不同初至波的射线追踪方法和同时利用不同初至时间的反演技术。

（4）层析反演问题的解法。由于地球物理资料观测的有限孔径和很弱的边界条件约束，更严重的病态的、多参数、多极值、非线性的反演问题成为地球物理层析成像的固有难点。因此，高效、稳定收敛的反演算法是初至旅行时层析成像中重要的研究内容。

（5）反演的约束技术。地表观测和接收的观测系统使得反演成像区域的射线分布很不均匀，有些地方甚至没有射线通过；实际观测常受到各种规则和随机干扰的影响，使得观测数据常常带有一定的误差。所以，近地表初至旅行时反演比井间层析反演的多解性更严重。为了减少多解性，获得可靠的反演结果，就必须对反演过程进行约束。需要研究利用先验信息和其他条件对反演过程和解进行约束的技术。

层析静校正方法通过将初始模型网格化，建立各网格内介质速度与初至波旅行时的方程，并用迭代法求解方程，获得较精确的地下介质模型。

如图 2-25 所示是网格化的地下介质中一条射线的路径，该路径从 S 点出发，到达 R 点，则此射线的旅行时就是此射线在网格中各段路径的旅行时之和，如图 2-26 所示。

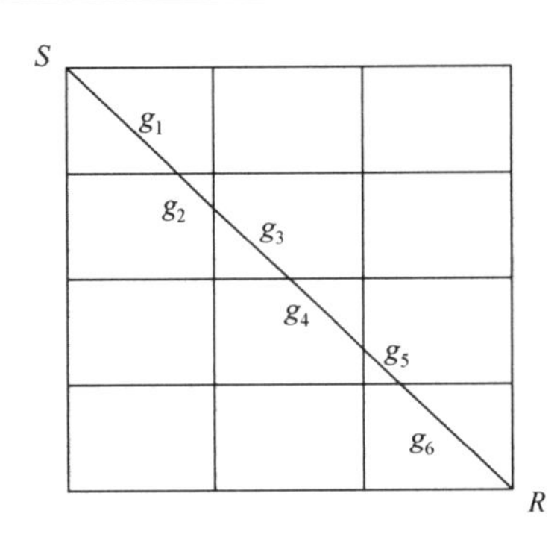

图 2-25 网格化后介质中的一条射线

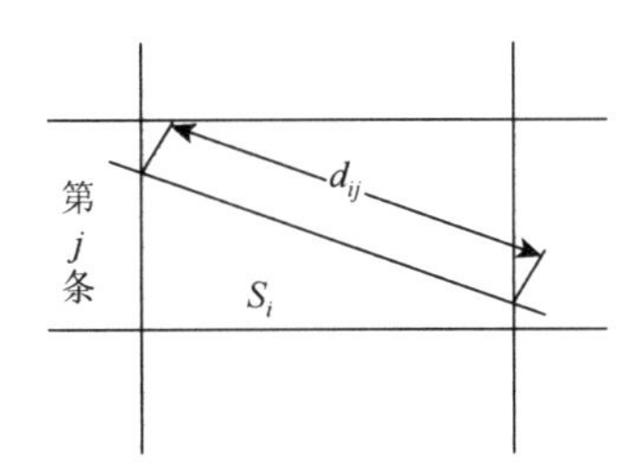

图 2-26 第 j 条射线经过第 i 个网格

设地下第 i 个网格的慢度为 S_i，第 j 条射线在第 i 个网格中的路径长度为 d_{ij}，则可以得到以下方程：

$$\begin{bmatrix} t_1 \\ t_2 \\ \vdots \\ t_M \end{bmatrix} = \begin{bmatrix} d_{11} & d_{12} & d_{13} & \cdots & d_{1N} \\ d_{21} & d_{22} & d_{23} & \cdots & d_{2N} \\ & & \vdots & & \\ d_{M1} & d_{M2} & d_{M3} & \cdots & d_{MN} \end{bmatrix} \cdot \begin{bmatrix} s_1 \\ s_2 \\ \vdots \\ s_N \end{bmatrix}' \tag{2-50}$$

式中，M ——观测到的初至时间的数量；

N ——网格的数量；

$t_i(i=1,2,\cdots,M)$ ——第 i 个初至时间，s。

式（2-50）也可以写成：

$$\boldsymbol{T} = \boldsymbol{DS} \tag{2-51}$$

式中，$\boldsymbol{T}$——初至时间向量，是观测值；

$\boldsymbol{D}$——射线的路径矩阵；

$\boldsymbol{S}$——慢度向量，是待求量。问题就转化为解方程：

$$\boldsymbol{S} = \boldsymbol{D}^{-1}\boldsymbol{T} \tag{2-52}$$

求解方程后，就可以得到一个网格化的关于地下介质的速度模型。确定一基准面，就可根据此模型分别计算出炮点的静校正量和检波点的静校正量。

2.2.4 基于折射波的剩余静校正方法

刘连升（1998）、周熙襄等（2001）、潘树林等（2010b）等对折射波剩余静校正方法进行了探讨。在进行静校正处理时，静校正前后初至的变化是人们评判静校正效果的依据之一。如图 2-27（a）所示为静校正前后剖面的对比。图 2-27（a）为静校正前的单炮记录，图 2-27（b）为静校正后的单炮记录。对比两幅图可以清楚地看到，在静校正后反射波同相轴变得连续平滑，同时初至也变得平滑了。如果将拾取的初至用数学的方法进行平滑，每道实际初至与平滑结果之间的差值就是对应炮点和检波点静校正量的和。最后按照误差分配的原则计算出各个物理点对应的静校正量。下面详细介绍该方法的实现步骤及实现效果。

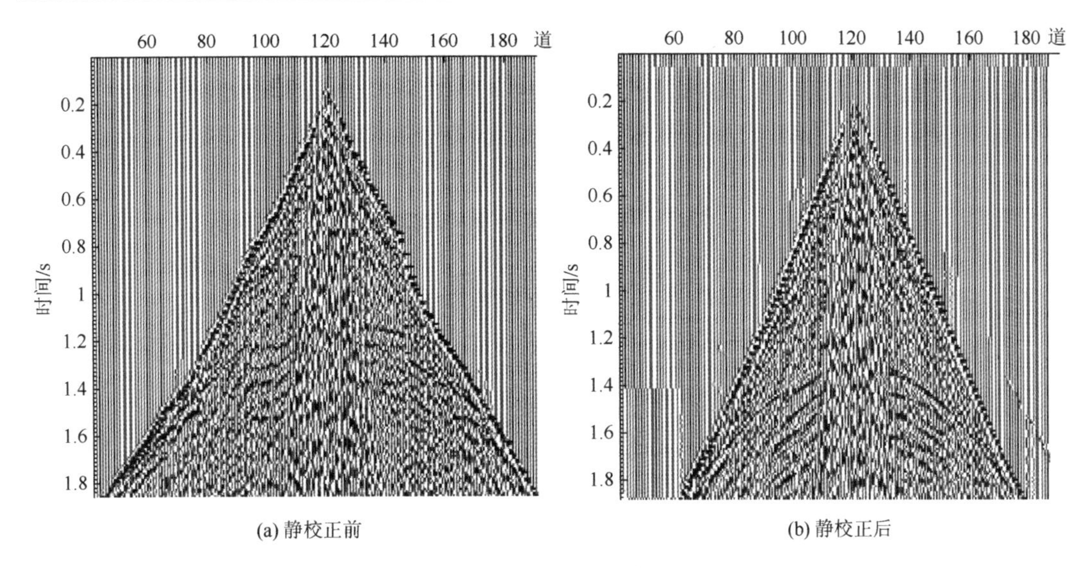

(a) 静校正前　　(b) 静校正后

图 2-27　静校正前后单炮对比图

2.2.4.1　两点假设

常规的利用折射初至进行静校正的方法是利用初至反演出低降速带的结构再求取静校正量。利用初至直接求取静校正量，计算的静校正量合理有效，必须满足以下两点假设。①短波长静校正量的随机性。在经过野外静校正后，长波长的静校正量变化已经消除。剩余的静校正量变化，是由于点位不准、高程误差、低速带波速测定误差、低速带厚度测定误差等引起正量，可以认为这种短波长的静校正量是随机的、正负交替的；由于多因素的影响，该随机量应当满足正态分布。②初至与反射波时差变化的一致性。由于低速带速度和厚度的变化，各个物理点位置对应的静校正量不同，但是静校正量对折射波和反射波造成的影响相似。如图 2-28 所示，当反射波和折射波穿过低速带时，都受到了类似的影响。低速带对单个物理点的影响并不完全相同，但在整个测线范围其对折射和反射波的影响是一致的。

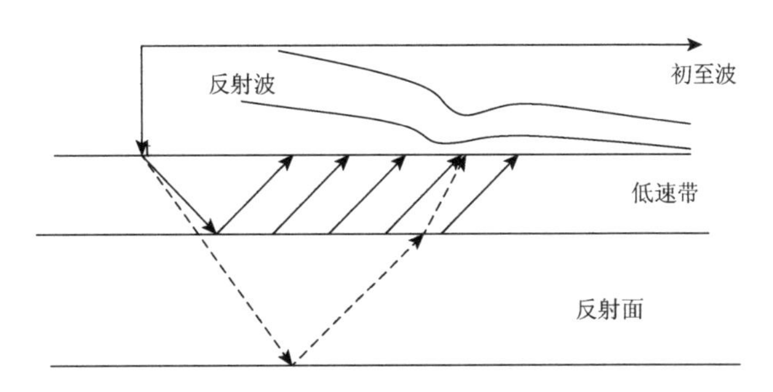

图 2-28　初至与反射波时延一致性（实线为折射路径，虚线为反射路径）

短波长静校正量的随机性、初至和反射波时差变化的一致性，这两个假定是初至拟合法的基本假定。初至拟合法的基本思路就是将初至拉平，由此求静校正量，初至拉平了，即光滑了，则反射波也就变光滑了。进行初至拟合可以在 CSP、CRP、COP、CMP 各个道集进行，在实际处理中为了保证效果也可以选择多域反复迭代实现最终的拟合计算。

选用多少道集作最小二乘圆滑，同样是取决于地表的横向变化情况，即初至曲线横向变化情况。若初至曲线横向变化小，可以选较多的道集数用一条二次曲线进行拟合，若初至曲线横向变化很大，则应选很少的道集作拟合，最少时可选用每个道集作拟合。拟合段的长度（或点数），主要决定于两个因素，第一为初至拾取的精度，即参加拟合的初至段应当是拾取精确的初至，在地震记录中有时干扰波很强，有些部分初至无法准确拾取，这部分初至一般不参加拟合。第二，参加拟合的初至最好选在稳定折射面所产生的折射部分。通常在山区，近偏移距初至往往是一些不均匀堆积所产生的折射波，又是很不稳定的，所以有时要切掉这部分的初至；有时初至是由多层折射形成的，这时最远偏移距的初至反映的是深层折射波，利用深层折射波初至拟合时，有时容易带来长波长静校正量的变化。

选择不同的步长对记录初至进行最小二乘拟合可以解决各种复杂地形情况下的静校正问题。

最小二乘拟合的原理如下：

对离散点拟合成一条直线，设直线为 $y = ax + b$，则 a 、 b 的最佳值应满足：

$$\sum_{i=1}^{n}(y_i - ax_i - b)^2 = \min \tag{2-53}$$

要使式（2-53）成立，显然应有

$$\frac{\partial}{\partial a}\left[\sum_{i=1}^{n}(y_i - ax_i - b)\right] = 0 \tag{2-54}$$

在实际处理中，将一个炮记录初至拉平很容易，但要保证每个物理点用一个静校正量值，并将所有炮的初至拉平就不容易了。使用剩余误差分配方法可以较好地解决这个问题。

2.2.4.2 剩余误差分配原理

经过初至拟合运算，地震记录的每一道得到了一个包含了炮点和检波点静校正量的拟合差。为了保证初至足够平滑，并且每一个物理点位置仅有一个静校正量，需要对获得的拟合差进行分配。经过研究发现，使用剩余误差分配的方法可以较好地解决这个问题。

图 2-29 矩阵表示计算范围内有 n 个炮点，k 个检波点。图 2-29（a）所示矩阵为完成初至拟合后各个道计算的拟合差，其中每行表示一个炮点对应各个检波点位置计算的拟合差，每一列表示一个检波点对应各个炮点位置计算的拟合差，炮点、检波点之间不存在对应激发接收关系的各个位置的赋零值，并且不参与之后的迭代运算。图 2-29（b）表示经

过误差分配后获得的新的矩阵。在新的一次迭代中，图 2-29（b）矩阵将作为输入矩阵参与新的一轮误差分配，直至矩阵计算的均方差满足条件。

$$\begin{bmatrix} \Delta g_{0,0} & \Delta g_{0,1} & \cdots & \Delta g_{0,j} & \cdots & \Delta g_{0,k} \\ \Delta g_{1,0} & \Delta g_{1,1} & \cdots & \Delta g_{1,j} & \cdots & \Delta g_{1,k} \\ \vdots & \vdots & & \vdots & & \vdots \\ \Delta g_{n,0} & \Delta g_{n,1} & \cdots & \Delta g_{n,j} & \cdots & \Delta g_{n,k} \end{bmatrix} \Longrightarrow \begin{bmatrix} v_{0,0} & v_{0,1} & \cdots & v_{0,j} & \cdots & v_{0,k} \\ v_{1,0} & v_{1,1} & \cdots & v_{1,j} & \cdots & v_{1,k} \\ \vdots & \vdots & & \vdots & & \vdots \\ v_{n,0} & v_{n,1} & \cdots & v_{n,j} & \cdots & v_{n,k} \end{bmatrix}$$

(a) 初至拟合差　　(b) 迭代后的误差分配

图 2-29　矩阵误差分配示意图

误差矩阵的均方差公式为

$$\sigma = \sqrt{\frac{\sigma_1^2}{nk} + \frac{\sigma_2^2}{k} + \frac{\sigma_3^2}{k}} \tag{2-55}$$

式中，n——误差矩阵的行数；

k——列数。

其中，σ_1，σ_2，σ_3的计算公式为

$$\sigma_1 = \sqrt{\frac{\sum_1^{nk} u_{i,j}^2}{(n-1)(k-1)}} \tag{2-56}$$

式中，$u_{i,j} = \delta_{i,j} - \delta_{0,j}$，$\delta_{i,j} = \Delta g_{i,j} - \Delta g_{i,0}$，$\delta_{0,j} = \frac{1}{n}\sum_{i=1}^{n} \delta_{i,j}$。

$$\sigma_2^2 = \frac{1}{nk-1}\left[nk\sigma_n^2 - nn\sigma_k^2 - (n-1)\sigma_1^2\right] \tag{2-57}$$

$$\sigma_3^2 = \frac{1}{nk-1}\left[nk\sigma_k^2 - k\sigma_n^2 - (k-1)\sigma_1^2\right] \tag{2-58}$$

其中，$\sigma_n = \sqrt{\frac{\sum_{i=1}^{n} \Delta_{i,0}^2}{n-1}}$，$\sigma_k = \sqrt{\frac{\sum_{i=1}^{k} \Delta_{0,j}^2}{k-1}}$，$\Delta_{i,0} = \Delta g_{i,0} - \Delta g_{0,0}$，$\Delta_{0,j} = \Delta g_{0,j} - \Delta g_{0,0}$，$\Delta g_{i,0} = \frac{1}{k}\sum_{j=1}^{k} \Delta g_{i,j}$，$\Delta g_{0,j} = \frac{1}{n}\sum_{i=1}^{n} \Delta g_{i,j}$，$\Delta g_{0,0} = \frac{1}{n}\sum_{i=1}^{n} \Delta g_{i,0}$，$\Delta g_{0,0} = \frac{1}{k}\sum_{j=1}^{k} \Delta g_{0,j}$。

当σ通过 L 次迭代以后小于某一给定的小正数ε，条件满足以后，用下列公式计算静校正量修正值。

炮点静校正量：

$$\Delta t_i = \sum_L (\Delta g_{i,0} + u_{i,0}) \tag{2-59}$$

其中，$u_{i,0} = \frac{1}{k}\sum_{j=1}^{k} u_{i,j}$。

检波点静校正量：

$$\Delta t_j = \sum_L (\delta_{0,j} + v_{0,j}) \tag{2-60}$$

其中，$v_{0,j} = \dfrac{1}{n}\sum_{i=1}^{n} v_{i,j}$ 。

一般来说，计算出的修正值都不会太大。

$$v_{i,j} = u_{i,j} - u_{i,0} \tag{2-61}$$

2.2.4.3　实际应用及效果

试验数据是四川某地的一条三维地震测线。该测线地表起伏较大，原始单炮由于静校正的影响，折射波初至曲线被扭曲，粗糙不平，同时反射波同相轴也失去双曲线特征。做了高程静校正后，情况有所改善，但是仍不理想。使用 Omega 折射静校正模块进行处理后，大部分区域得到明显改善，但是远偏移距位置静校正问题仍然比较严重。图 2-30 为原始单炮、高程静校正后单炮和使用本书方法静校正后的对比效果图，从图 2-31 中可以很清楚地看到静校正量的改善。在初至变平滑的同时，反射同相轴也变得清晰。

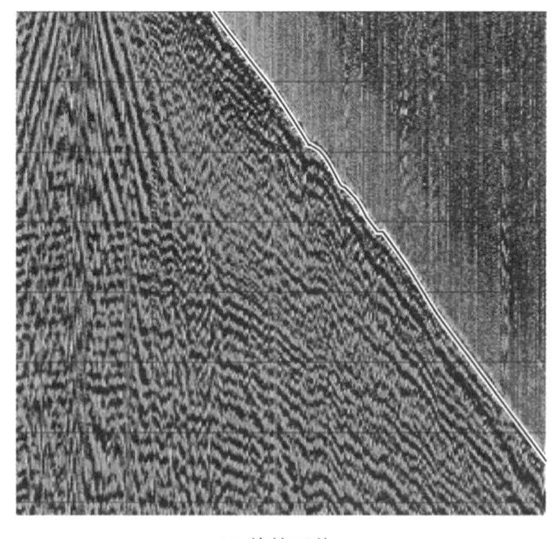

(a) 静校正前

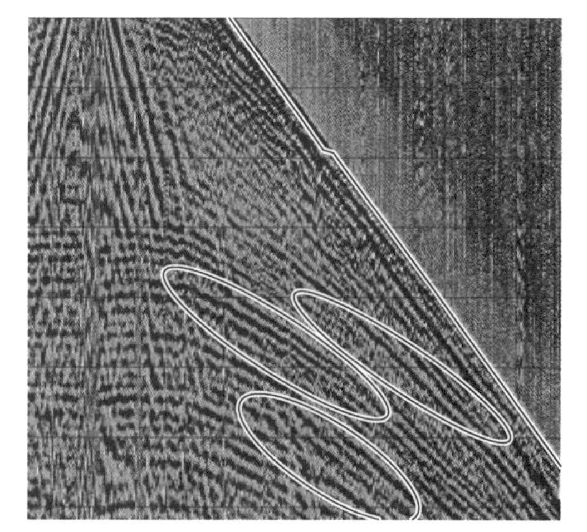

(b) 静校正后

图 2-30　使用初至拟合方法静校正前后单炮局部放大图

图 2-31 为原始单炮、高程静校正和讨论静校正方法效果的对比效果图。可以看出，应用高程静校正后，记录初至和反射波都有所改善。但比较本书静校正效果，可以发现，应用拟合差分配方法后的效果要更好。图 2-32 和图 2-33 是应用 Omega 系统折射静校正模块和初至拟合静校正方法进行对比的效果图。在实际处理中，初至拟合方法优于 Omega 折射静校正效果，特别是在边缘区域更加突出。图 2-32 为应用静校正后的远排列单炮对

比效果图，在这些区域 Omega 的静校正效果不稳定，而该方法则可以计算出较为稳定可靠的静校正量。图 2-33 为三维测线边缘区域的 CMP 线叠加效果，可以看出该方法的叠加效果优于 Omega 叠加效果。

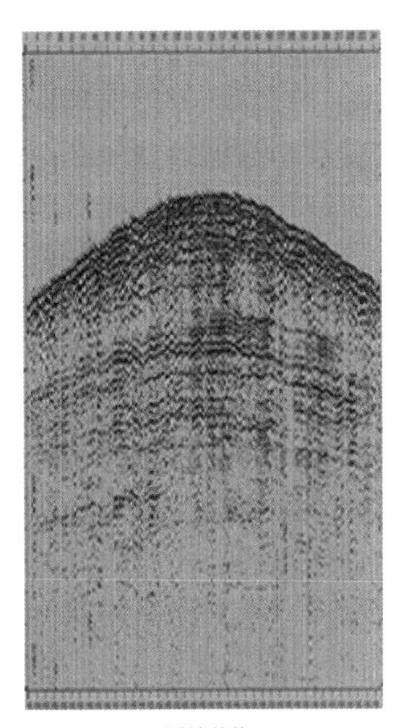

(a) 原始单炮

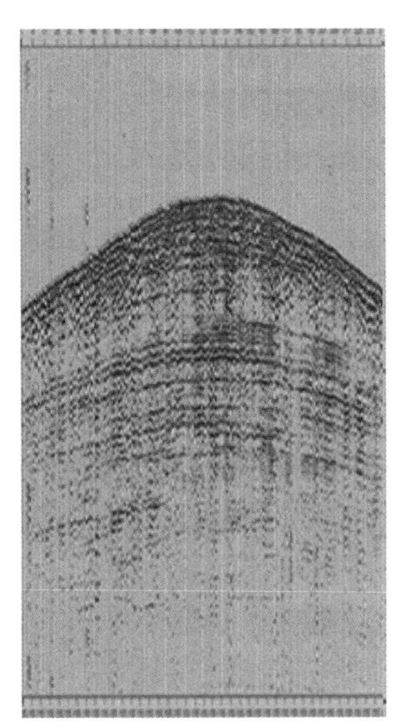

(b) 高程静校正后

(c) 初至拟合方法静校正后

图 2-31　共炮点道集记录静校正对比

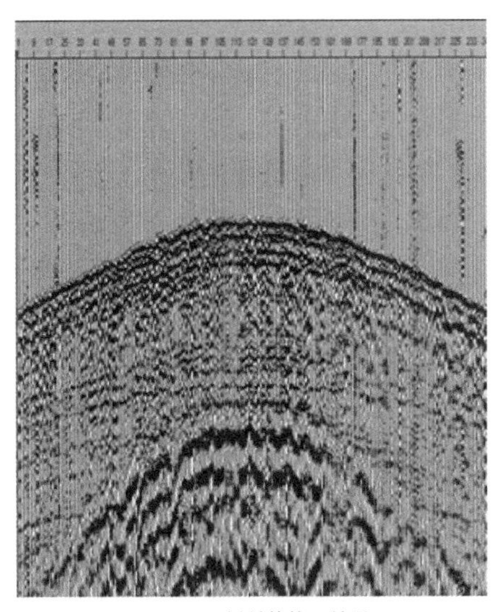

(a) Omega 折射静校正效果

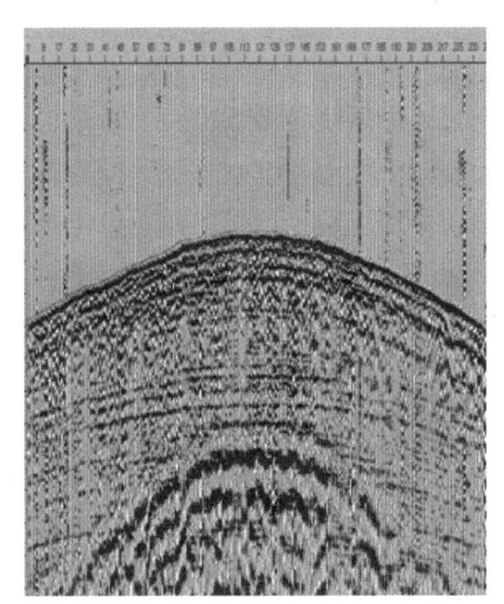

(b) 初至拟合算法静校正效果

图 2-32　初至拟合静校正与 Omega 折射静校正远排列单炮对比效果

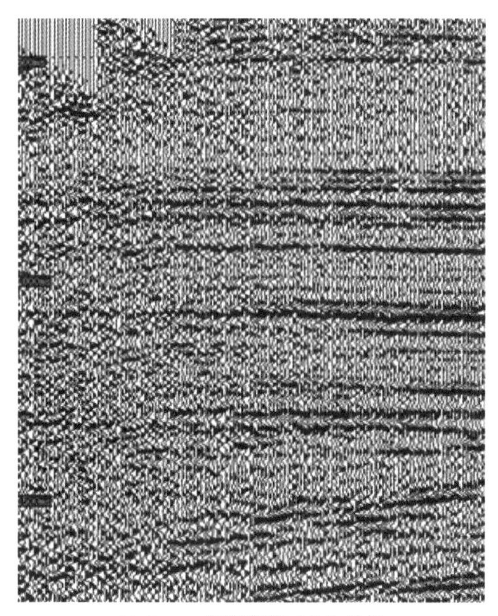
(a) Omega 折射静校正叠加效果

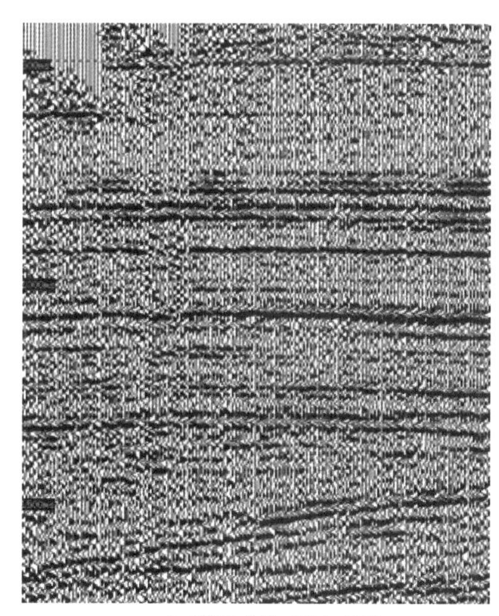
(b) 本书算法静校正叠加效果

图 2-33 初至拟合静校正与 Omega 折射静校正测线边缘位置叠加对比效果

2.3 小　　结

初至波在静校正处理中发挥了重要的作用。作为地震记录中较容易识别和拾取的有效信息，初至包含了近地表速度和厚度的信息。目前生产中使用较多的折射静校正方法和层析静校正方法，都是使用初至波对近地表速度和厚度进行反演，然后利用计算的结果进行静校正量计算。在使用此类方法进行静校正的过程中，初至拾取质量对最终结果影响很大。随着目前高密度地震资料越来越多地出现在生产中，对初至拾取的效率提出了新的要求，如何又快又好地完成初至波自动拾取，是一项重要的研究任务。由于章节内容限制，本章并未对层析静校正进行深入的探讨，有兴趣的读者请参考相关的专门介绍层析方法的文献和书籍。

第 3 章　反射波剩余静校正方法

按照静校正方法的功能可以将静校正方法分为基准面静校正和剩余静校正两大类。剩余静校正方法又可以分为折射波静校正和反射波剩余静校正方法。在沙漠、山地和黄土塬等复杂地表地区的地震勘探中，由于地表起伏大、低速带厚度大且横向速度变化剧烈，仅靠野外静校正并不能很好地解决静校正问题，道集中仍然存在较大的静校正量，因此，必须将野外静校正同反射波剩余静校正联合起来解决静校正问题。反射波剩余静校正在复杂地震资料处理中是一项十分重要的技术。折射波静校正方法在第 2 章已经进行了讨论，本章将对反射波剩余静校正方法进行深入探讨。

3.1　反射波静校正方法相关概念

3.1.1　基本概念

反射波静校正方法按假设条件可以分为地表一致性剩余静校正和非地表一致性剩余静校正。在本书中，未做特殊说明的剩余静校正方法均为地表一致性静校正方法。

非地表一致性剩余静校正主要包括：按照时间、炮检距和炮点-检波点方位角分段静校正；Trim（平滑）静校正。

地表一致性静校正主要包括：统计相关法静校正、最大能量法剩余静校正、多域剩余静校正和基于最优化理论的反射波静校正方法等。通过多域剩余静校正求取剩余静校正量包括共中心点域、共炮检点域、共炮检距域静校正方法等。而基于最优化理论的剩余静校正方法有模拟退火、遗传算法、蚁群算法及混合优化算法等。

较好的反射波静校正方法，必须具备四个方面的特点：①抗周波跳跃；②抗干扰（这里主要是指规则干扰）；③对速度的敏感性小；④对模型道依赖小。

就反射波静校正方法而言，有四个参数需要试验选择：①静校正时窗。选取静校正的时窗的基本原则是平坦、信噪比高、同相轴连续性好，尽可能避开切除区。②时窗长度。一般来说，宽时窗有利于提高静校正时差的拾取精度和抗周期跳跃的能力。但是当速度精度较低时，由于剩余动校正量的存在，可能反而会降低时差精度。因此，时窗长度的选择取决于速度情况，若速度精度较高，时窗长度可选得大一些，反之则小一些。一般选为 600～1000ms。③计算的最大静校正量。计算最大静校正量要根据实际情况决定，既要包含所求解空间又要避免由于计算空间过大而造成计算资源浪费。④模型道。对于信噪比较高的资料，可以在前几次静校正时采用内部模型道，在最后再采用外部模型道；对于信噪比较低，但主要为随机干扰的资料，仍可以采用内部模型道，这时最好采用多 CDP 超级道集，以提高内部模型道的质量；对于信噪比很低，特别是规则干扰很严重的资料，可以全部采用外部模型道。

地表一致性剩余静校正遵循地表一致性原则。值得提出的是，反射波剩余静校正主要是解决野外静校正后残留在道集中的高频静校正分量，反射波静校正需要在动校正后的记录上进行，所以速度分析必须准确。如果由于速度不准确还存在一些剩余动校正量，反射波将把剩余动校正量转换为剩余静校正量处理，从而影响反射波静校正效果，所以反射波静校正前要求动校正速度必须准确。但是实际资料处理中速度分析与静校正是相互影响的，速度分析时一般不考虑静校正量的存在，而有静校正存在的速度分析也不够准确。通常的解决办法是通过反射波静校正与速度分析反复迭代来减小速度分析以及反射波静校正计算误差，最终达到反射波静校正比较理想的效果。

3.1.2　基本方程及约束条件

对于剩余静校正量计算的重要公式采用的是 Larner 等（1979）提出的基本旅行时方程：

$$T_{ijkh} = G_{kh} + S_i + R_j + M_{kh}X_{ij}^2 + D_{kh}Y_{ij} + N \tag{3-1}$$

式中，T——经过动校正后的总反射时间；

i——炮点位置；

j——接收点位置；

k——CMP 点位置$[k = 0.5(i + j)]$；

G——构造项或地质项（从基准面到反射面的双程旅行时）；

S——地表一致性炮点静校正量（包括基准面静校正量和剩余静校正量）；

R——地表一致性接收点静校正量（包括基准面静校正量和剩余静校正量）；

M——剩余动校正时差系数；

X——炮检距；

N——噪声误差；

D_{kh}——CMP 号为k、层位为h的横向倾角系数；

Y_{ij}——从 CMP 点到实际剖面所在测线的垂直偏离距离。

方程中除了炮点和接收点静校正量是按照地表一致性定义外，其他每个分量都含有层位号h，即都是时变的。

在求解剩余静校正量的过程中，由于 Wiggins 等（1976）证明过用于定义静校正问题的线性联立方程组，看上去是超定的，但实际上是欠定的。因此在旅行时分解的过程中，为了消除或减少解的不确定性，通常对旅行时方程的一个或几个分量施加一些地球物理约束条件。这些约束条件是可选的，因为对于某个工区，有些约束条件可能适合，也有些约束条件可能不适合。这些约束条件包括以下几个方面：

（1）将同一地面点上的炮点和接收点的剩余静校正量差异控制在一个较小的范围之内；或假设炮点与检波点的剩余静校正量是相同的，取两者的平均值。这要求炮点和接收点重合或紧挨着，因此当采用的不是地面震源时，这种约束是不合适的。

（2）限制相邻炮点或接收点的剩余静校正量的变化范围，并与整条测线所允许的剩余静校正量的最大变化范围相比是一个小量。

（3）假设测线上所有炮点和接收点的剩余静校正量之和为零，即

$$\sum_{i=1}^{N_s} S_i + \sum_{j=1}^{N_r} R_j = 0 \tag{3-2}$$

式中，N_s——炮点数；

S_i——炮点剩余静校正量；

N_r——接收点数；

R_j——接收点的剩余静校正量。

（4）假设初叠剖面上的构造完全正确，剩余静校正的长波长分量应该为零。

（5）假设构造项、剩余动校正项和横向倾角项中的一个或几个沿测线是缓慢变化的。这些分量可以通过用长度为几个 CMP 到一个或两个排列长度的算子进行光滑处理或通过控制点进行插值处理。

3.2　自动统计剩余静校正

剩余静校正与野外静校正有共同的目的，都是把炮点和接收点校正到基准面上来，所以剩余静校正与野外静校正的基准面是一致的。但因剩余静校正量是由野外表层参数测量误差造成的，所以不可能再用野外表层参数计算。只能设法从记录中提取，能否办到呢？回答是肯定的。由于一道记录中每一个采样点的静校量都是相同的，因此，可以找一个静校正量为零的记录道，如图 3-1 中的 $x_1(t)$，以这个记录道中的某个强反射层为标准，用互相关法求另一道 $x_2(t)$ 中同层反射波与它的相关时差，若这个反射时差只是由表层因素引起的，则它就是 $x_2(t)$ 的绝对静校正量，如果 $x_1(t)$ 和 $x_2(t)$ 是做过野外静校正的记录道，则这个时差就是 $x_2(t)$ 的绝对剩余静校正量，用它对 $x_2(t)$ 进行静校正，即完成了对 $x_2(t)$ 的剩余静校正。作为标准的强反射层称为参考基准面，选定作为标准的记录道称为参考道或模型道。若 $x_1(t)$ 本身存在剩余静校正量，则这个时差即为 $x_2(t)$ 对于 $x_1(t)$ 的相对剩余静校正量，见图 3-2。一道记录的相对静校正量中包括它对应的炮点和接收点的相对剩余静校正量，使用一定的方法对炮点和检波点的剩余静校正量进行分离，就解决了反射波剩余静校正问题。这是地表一致性剩余静校正方法的基本思想。

由于短波长剩余静校正量在一个共炮点或共深度点道集内是随机的量，故可以采用剩余静校正量的统计法和相关函数统计法分离出炮点和接收点的剩余静校正量，求其二者的代数和，即得一道记录的剩余静校正量。通过把以基准面为标准转换为以强反射层（即反射同相轴）为标准，用互相关法求相对剩余静校正量，并用统计法分离，最后可求出记录道的剩余静校正量，这就是自动统计剩余静校正方法的基本思想。

由上述可知，该方法的假设条件应包括以下两点：

（1）首先要求应满足一般静校正的假设条件，即地表一致性条件。

（2）在共深度点或共炮点道集内，各测点上剩余静校正量是随机的，其均值为零。

统计法静校正要求在野外静校正、动校正之后做，最好也做过去噪和反褶积。其具体方法很多，分类方法也很多，下面从两个方面介绍统计法剩余静校正的方法原理。

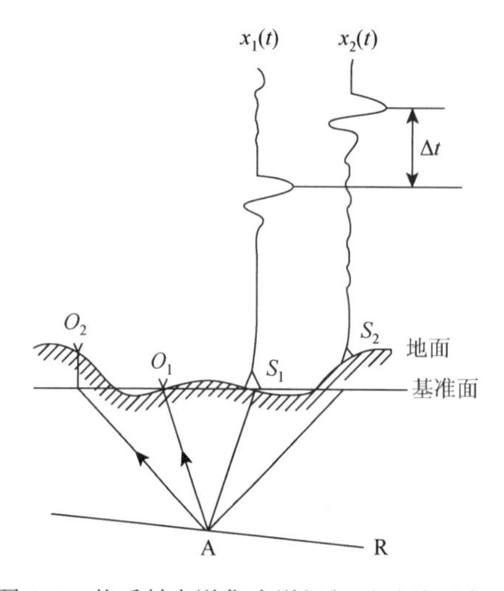

图 3-1　共反射点道集中道间相对时差示意图

[$x_1(t)$ 道的静校正量为零，Δt 为 $x_2(t)$ 道的绝对剩余静校正量]

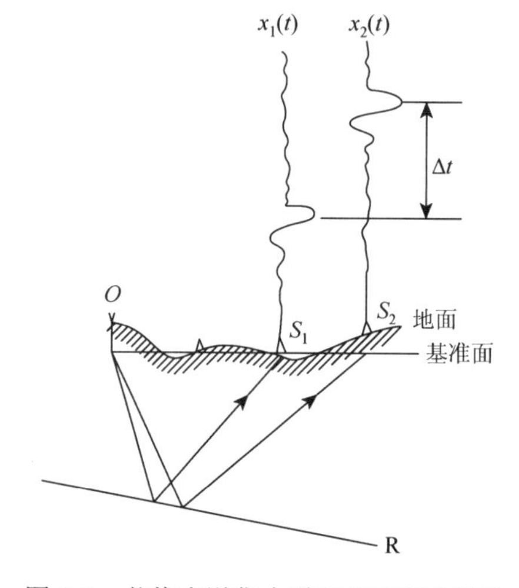

图 3-2　共炮点道集中道间相对剩余静校正量 Δt 示意图

3.2.1　在 CMP 道集内求取相对剩余静校正量

经过动校正后的共深度点道集，如果没有相对静校正量应该是相位对齐的，见图 3-3。但是，当道间存在相对剩余静校正量时，各道相位就对不齐了，见图 3-4。如果能设法把共深度点道集内各道记录的相位调整对齐再叠加，叠加效果就会更好。为了达到此目的，可以选一个参考道，用互相关法求取各道相对于参考道的相对静校正量，并将各道相对参考道进行静校正，然后叠加，即可改善共深度点道集的叠加效果。

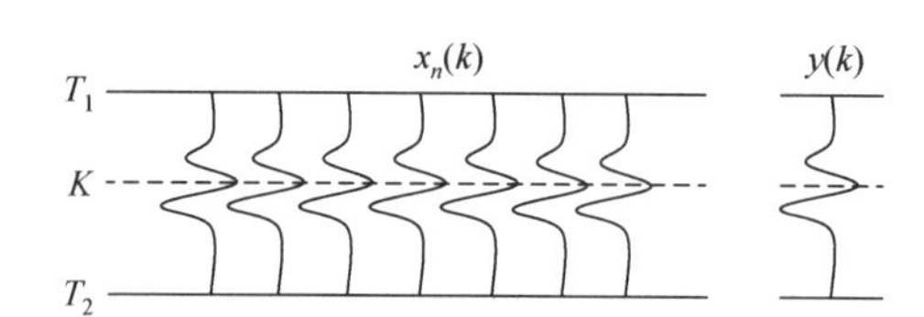

图 3-3　道间不存在相对剩余静校正量的共深度点道集 $x_n(k)$ 和叠加道集

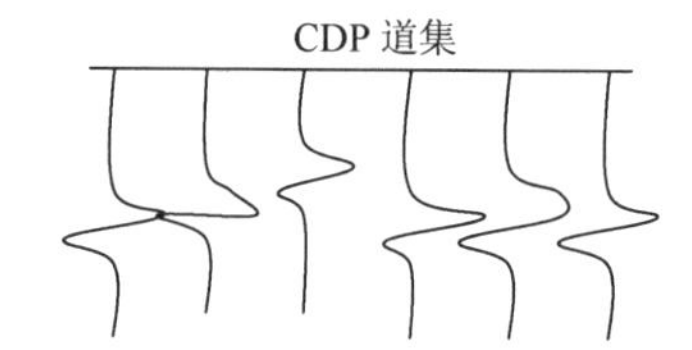

图 3-4　道间存在相对剩余静校正量的共深度点道集记录

在叠前的共深度点道集内，各道剩余静校正量之和趋于零［满足假设条件（2）］，故用共深度点道集的叠加道作参考道最为合适。参考道的形成方法是把属于同一个共深度点的记录，在给定的时窗范围（$T_1 \sim T_2$）内，把各道记录的振幅值，按时窗内采样点的顺序对应相加，即可得到该共深度点的参考道，或称模型道。其数学表达式为

$$y_k = \frac{1}{N}\sum_{n=1}^{N} x_{n,k} \tag{3-3}$$

式中，y_k——参考道；

$x_{n,k}$——共深度点道集内的记录道；

n——共深度点道集内序号；

N——覆盖次数；

k——时窗内采样点的顺序号，$k=1,2,\cdots,M$；

M——采样点个数表示的时窗长度，$M=T_2/\Delta-T_1/\Delta$。

在共深度点道集中，由于各道同层反射波都是来自同一个反射点的信号，因此它们是相关的。叠加后，只消掉了一些随机量，反射信号不但没有被减弱，反而更加突出，故各道反射信号与参考道同层反射波也是相关的。

在一个选定的时窗内，将共深度点道集中各道和该共深度点道集形成的参考道进行互相关，即可求出各道的相对静校正量。注意：这时求出的静校正量是炮点和接收点相对静校正量相加的结果，不是单个炮点或接收点的静校正量的绝对值。互相关公式如下：

$$\gamma_{xy}(\tau)=\sum_{i=T_1}^{T_2}y_i x_{i+\tau} \tag{3-4}$$

式中，$\gamma_{xy}(\tau)$——互相关函数，$\tau=0,\pm1,\pm2,\cdots,\pm M$；

M——最大静校正量；

T_1,T_2——时窗的起始和终了时间；

T_1-T_2——时窗长度。

用式（3-4）编制程序即可求取相关函数曲线。相关函数曲线的极大值对应的τ值τ_k便是此道的相对静校正量。对共深度点道集内的各道均用上述互相关方法求取τ_k值，各道用对应的τ_k值做静校正，即可达到在共深度点道集内来自同一反射点的反射波进行同相叠加的效果。

由于上述参考道所涉及的地面点不够多，统计效果不佳，故参考道仍残存有剩余静校正量，而且在时间剖面上，各共深度点叠加道的剩余静校正量不同，使反射同相轴不光滑，为此还需对参考道进行加工，加工的方法有混波、组合、三道相位均匀化或扇形滤波等。若还需要进一步改善时间剖面的面貌时，则还须用时差统计或相关函数统计法求记录的绝对剩余静校正量并校正。

3.2.2 用统计分离法计算绝对剩余静校正量

对炮点和接收点的绝对剩余静校正量的求取可采用时差统计分离法和互相关函数统计分离法。

3.2.2.1 时差统计分离法

对于上述用互相关求得的每个记录道相对自己参考道的剩余静校正量τ，实际上它包含了一个炮点静校正量τ_s和一个接收点静校正量τ_R之和，即

$$\tau=\tau_s+\tau_R \tag{3-5}$$

在一个 24 道的共炮点排列上，炮点位置均相同，则有相同的炮点静校正量，但 24 个接收点的静校正量不同。设接收点的静校正量为$\tau_{R_i}(i=1,2,3,\cdots,24)$，则对属于同一炮点 S 的各记录道分别有：

S 炮第 1 道总校正量$\tau_1=\tau_s+\tau_{R_1}$；

S 炮第 2 道总校正量$\tau_2=\tau_s+\tau_{R_2}$；

S 炮第 3 道总校正量$\tau_3=\tau_s+\tau_{R_3}$；

…　　…

S 炮第 24 道总校正量$\tau_{24}=\tau_s+\tau_{R_{24}}$。

如果将以上 24 道的总校正量相加再平均，即

$$\overline{\tau}=\frac{1}{24}\sum_{i=1}^{24}\tau_i=\frac{1}{24}\sum_{i=1}^{24}\tau_s+\frac{1}{24}\sum_{i=1}^{24}\tau_{R_i}=\tau_s+\frac{1}{24}\sum_{i=1}^{24}\tau_{R_i} \tag{3-6}$$

式中，$\frac{1}{24}\sum_{i=1}^{24}\tau_{R_i}$是由一些或正或负的项相加平均的结果，根据前面的剩余静校正量均值为零的假设，应趋于零，即

$$\frac{1}{24}\sum_{i=1}^{24}\tau_{R_i}\to 0 \tag{3-7}$$

所以最后得

$$\overline{\tau}=\tau_s \tag{3-8}$$

式（3-8）表示，将属于同一炮的各道的静校正量相加平均后得到了炮点的静校正量。这样就求出了某一炮点 S 的绝对静校正量τ_s。

同理，将属于同一接收点的各道的静校正量相加平均后即可得到某一接收点 R 的绝对静校正量τ_R。

3.2.2.2　互相关函数统计分离法

在共深度点道集内，每个记录道与参考道做互相关，均可得到一条互相关曲线$\gamma_{xy}(\tau)$，将$\gamma_{xy}(\tau)$的下标（xy）改用它所在的炮号和道号表示，则变为$\gamma_{j,i}(\tau)$。将属于同一炮的M个记录道所对应的M条互相关曲线叠加：

$$\gamma_j(\tau)=\sum_{i=1}^{M}\gamma_{j,i}(\tau) \tag{3-9}$$

叠加曲线的极大值所对应的时移$\tau_{r_{xy},\max}$即为该炮点的绝对剩余静校正量。

同理，将同一接收点不同炮点的 2N 条互相关曲线叠加：

$$\gamma_i(\tau)=\sum_{j=1}^{2N}\gamma_{j,i}(\tau) \tag{3-10}$$

也可得到叠加曲线的极大值所对应的时移 $\tau_{r_{xy},\max}$ 即为该接收点的绝对剩余静校正量。

这里用互相关函数曲线的平均代替前面的 τ 值平均来计算绝对剩余静校正量，一定条件下，两者是一样的。对一个 24 道的共炮点排列，也对应了 24 个共深度点，可以得到 24 条互相关函数曲线，每一条曲线中极大值对应的 τ 值大小是不同的，因为它表示了 24 道各自的静校正量大小。每条曲线中的 τ 值，既与此共深度点中与 S 炮有关的这一道的炮点静校正量有关，又与此道的接收点校正量有关，由于这 24 道的炮点校正量相同，因此炮点对 τ 值的影响是相同的，但接收点对 τ 值的影响是不同的，有的道的接收点使 τ 值为正，有的道的接收点使 τ 值为负，根据静校正量随机分布的特点，相加平均后均值应为零。使得相关极大值向左向右的机会是同等的，将相关函数曲线相加后，就消除了由于接收点影响所造成的峰值偏移。所以峰值对应的时移 τ 就是该炮点的静校正量 τ_s 。对于接收点的静校正量求法也是这个道理。所以，可用互相关函数曲线相加代替 τ 值平均，这样的代替为编程节省了不少时间。

用此方法求取静校正量是先用叠加道作为参考道，然后作相关运算求取静校正量。因为第一次求出的静校正量不一定十分准确，只用其 70%的数值先进行静校正，并用一定的方式求出其误差，当所求出的误差小于预先规定的误差时，则程序结束。因此，整个步骤是一个大的循环过程，可具体分成以下几个步骤：

（1）先求出全测线上的各炮点静校正量，并保存静校正量。

（2）用求出的静校正量的 70%去对本炮有关的道做静校正，全测线做完。

（3）再求出全测线上的各接收点静校正量，并保存静校正量。

（4）用求出的静校正量的 70%去对本接收点有关的道做静校正，全测线做完。

（5）在所保存的全测线上的炮点和接收点的静校正量中，挑选其中 30%的最大值，对这些最大值取平均，若平均数大于给定误差（例如 2ms），再重复上述 4 个步骤，若平均值均小于给定误差，则循环停止。

算法实施过程中参数选择标准如下：

1）标准层的选择

由于静校正量只与空间位置有关，而与时间无关，提取静校正量时，只要在一道记录中选一个波组作为标准，在整个记录上只要选择一个好的标准层就可以了。一般选取波组连续性好、波形稳定、倾角小和能量强的反射波组为标准层，用来提取静校正量，然后对整道进行校正。

2）相关时窗选取

相关时窗一般以波组长度为宜，为了避免剩余动校正量的影响，一般应在深部反射层中选取相关时窗，其相关时窗长为 100～200ms。

3）最大 τ 值的选取

自动统计静校正方法，一般只能在最大静校正量相当于半个相位以内进行静校正，静校正量太大互相关时会串相位，一般最大静校正量选±16ms。

4）相关峰值（极大值）选取

如果相关函数曲线上只有一个峰值，当然就取这个峰值对应的时间 τ 值为静校正量，如果相关函数曲线上出现了两个峰值，则可用以下标准来选择。

若

$$\gamma_1(\tau)|\tau_2| > \gamma_2(\tau)|\tau_1| \tag{3-11}$$

则选 τ_1 为极大值对应的 τ 值。这样既考虑了 τ 值大小，又考虑了相关函数大小。由于 $\gamma(\tau)$ 的数量级是 τ 值数量级的百倍左右，二者相乘后相当于对 $\gamma(\tau)$ 加权选取，主要考虑相关值大小（图 3-5）。

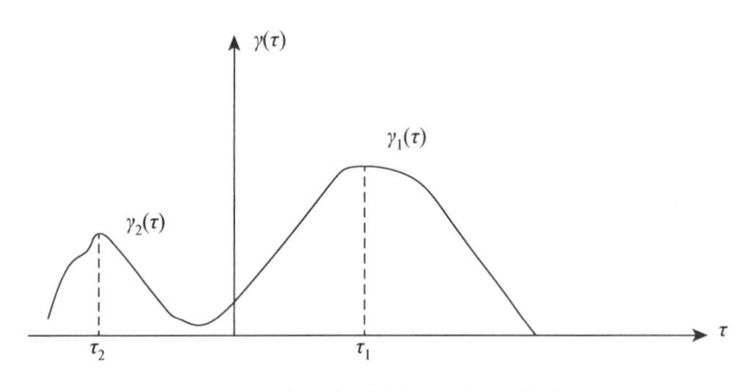

图 3-5 具有多极值的互相关函数曲线

3.3 基于最大能量理论的反射波静校正方法

3.3.1 常规最大能量法及其存在的问题

最大能量法作为目前资料处理最为常见的一种剩余静校正方法，自 1985 年 Ronen 提出以来，经多年实践表明，该方法在处理小时移量、高信噪比时，从处理时间效率和处理结果的准确性来看，具有局部收敛速度快、成像效果好等优势。地震资料在低覆盖次数或信噪比差的时候，由于速度分析不准确可能带来 NMO 校正 CMP 道集的旅行时差计算不准确。这就会导致旅行时分解等剩余静校正方法的解具有多解性而且求解过程不稳定。相比之下，最大能量剩余静校正法计算过程更稳定，特别是地表一致静态时移量，也可以用叠加道能量最大化来确定。即

$$\max_{S,R} E(S,R) \tag{3-12}$$

其中，

$$E(S,R) = \sum_{y=1}^{M}\sum_{t=t_1}^{t_2}\left\{\sum_{h=1}^{N}[d_{yh}(t+S+R)]\right\}^2 \tag{3-13}$$

式中，$S=\{s_i\}, R=\{r_j\}$——炮点和检波点的静校正量；

E——叠加能量；

M——地震剖面的 CDP 道集数；

N——每一道集的覆盖次数；

t_1 和 t_2——计算静校正量的时窗范围；

d_{yh}——NMO 校正后的地震道。

叠加能量最大化理论基础是直观简单的，在一个炮点确定剩余静校正量。与用旅行时分解进行剩余静校正量计算一样，这个方法也应用于时差校正数据。

（1）在所分析的站点，将静态时移应用于在共炮点道集的所有道。

（2）在一个时窗内叠加，包括该炮集道的 CMP 道集。

（3）用振幅平方求和的方法，在步骤（2）所得道集中计算叠加道总的累加能量。

（4）对一定范围内的静态时移，重复步骤（1）～（3）。

（5）采用得到最高叠加能量的静态时移，并分配到所分析的炮点位置。

（6）将最高叠加能量的炮点剩余静态时移，应用于炮集中所有的道。

（7）叠加包括这个炮集道的 CMP 道集。

（8）移到下一个炮点，并重复步骤（1）～（7）。

在共接收点道集对接收点重复这个过程。

由于排列长度有限，某一炮点 i 的静校正量 s_i 只影响到和炮点 i 有关的 CMP 道集的叠加能量（检波点类似），因此叠加能量的计算是局部的。对某一个 CMP 道集来讲，设 $g(t)$ 是和炮点 i 有关的记录道，$f(t)$ 是其余道的叠加。这里称 $f(t)$ 为部分叠加道。将所有与炮点 i 有关的道串联起来构成一个“超长道” $G(t)$（图 3-6），同时将对应的部分叠加道串联起来构成另一个“超长道” $F(t)$。

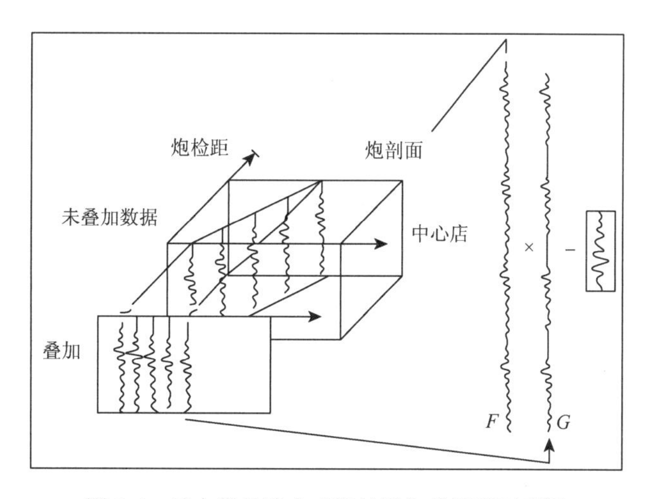

图 3-6　最大能量法中“超长道”的模型示意图

由炮点 i 处的时移 Δt 引起的总叠加能量的变化可通过式（3-14）求得：

$$
\begin{aligned}
E_i(\tau_p) &= \sum_{t=t_1}^{t_2}[F(t)+G(t+\Delta t)]^2 \\
&= \sum_{t=t_1}^{t_2}[F^2(t)+G^2(t+\Delta t)] + 2\sum_{t=t_1}^{t_2}[F(t)G(t+\Delta t)] \\
&= \text{常数} + 2\times\text{互相关}
\end{aligned}
\tag{3-14}
$$

由式（3-14）可以看出，叠加能量取最大值时，$F(t)$（参考道）和 $G(t)$ 的互相关也取最大值。因此，叠加能量的计算可用互相关计算来代替。为估计炮点 i 的静校正量 s_i，将用炮点 i 有关的记录道 $G(t)$ 和对应的部分叠加道 $F(t)$ 作互相关，拾取互相关的最大值所对应的时移作为 s_i 的估计值。对每个炮点和检波点都这样做，直到收敛为止。

现在，再次分析在一个炮点和检波点的剩余静校正量。

（1）分别建立炮点有关的超长道和部分叠加道组成的超长道。为了避免在步骤（3）的截断效应，在建立超长道时，在道的各部分之间将振幅样点置零。

（2）建立叠加超长道。

（3）两个超长道互相关计算。

（4）确定互相关峰值的相关时移量，即炮点剩余静态时移。

（5）将最大相关值的炮点剩余静态时移量应用于炮集的所有道。

（6）叠加包含该炮点道集道的所有 CMP 道集。

（7）移到下一个炮点，并重复步骤（1）～（6）。

（8）对所有检波点重复进行步骤（1）～（7）。

通常步骤（1）～（7）需要迭代计算，最终求得炮点和检波点的剩余静态量。

最大能量法在处理复杂地区大时移量、低信噪比的地震资料时效果不佳。那么常规最大能量法究竟存在什么问题呢?通过式（3-13）可以知道，估计叠加能量的最大值也就等效于估计它的互相关的最大值。经过多年静校正实践发现：第一，由于时移 τ 较大时互相关函数容易出现多个峰值的特征，且由于模型道 $H(t)$ 并没有用到相邻 CMP 道集的信息，那么模型道的质量是很糟糕的，特别是对覆盖次数较少的 CMP 道集而言此时的模型道并不能代表准确的构造时间，因此它对低信噪比的资料往往容易收敛到局部极值，从而导致最大能量法对于存在低信噪比、大时移量的地震资料静校正效果不佳。第二，在处理复杂地区大时移量、低信噪比和具有高斯噪声分布的地震资料时，由于互相关函数对高斯噪声十分敏感的特性，导致无法准确估算时间延迟，从而出现“周波跳跃”的现象，造成构造假象。

3.3.2　针对最大能量法的若干改进

针对最大能量法存在的问题，国内外很多学者对其提出了改进措施，比如吴波等（2010b）提出的改进措施如下：

（1）一般来说，来自同一层位相邻 CMP 道集的反射波总存在一定的相关性，因此可以采用某一个 CMP 道集相邻多道的加权混波来组成模型道 $H(t)$序列，以使得在时窗范围内尽可能提高模型道的质量，从而增强互相关函数的抗噪声能力，加快寻优搜索的效率。对于时窗范围 t_1 和 t_2 的选择，需要选取剖面中信噪比相对较高、反射波能量强、波组特征明显的区域来求取互相关函数，这有利于发挥模型道混波提高信噪比的作用。应当注意的是，在建立混波模型道时，首先，应当以当前 CMP 叠加道为中心，左右对称选取相同数量的 CMP 叠加道作为其模型道，根据不同地区地下构造复杂程度的不同，一般可以选取的 CMP 叠加道的个数可以为 1～15，并在构造复杂地区应考虑适当减少 CMP 叠加道个数。

其次，随着构建模型道的 CMP 道集的个数增加，时窗定义更加关键，因为所有的 CMP 叠加道只有准确对齐后才可以取得好的叠加响应。在这里对于时窗的选取，可以采用在叠后剖面上拾取层位来选取计算时窗，这样就可以尽可能消除剩余时差求取过程中构造项带来的影响。

（2）实际地震资料处理中，经过野外一次静校正、折射静校正处理以后，地震记录所剩余的静校时移绝大部分应该说比较小了（在 10ms 以内），只有少部分炮点（或检波点）还存在较大的静校时移量。基于这样的前提条件，采用一种“慢速扩展相空间”的思想来改进最大能量法的应用潜力，即在搜索初期选用较小的炮点（或检波点）时移搜索范围，然后逐步扩大相空间。这样做的优点是首先在小时移量的前提下，逐步扩大搜索范围从而能够提高大部分模型道的质量，避免了处理过程中窜相位现象的发生，使其求取准确。其次，当大部分炮点和检波点求取准确后，即使相空间继续扩大，其所对应的模型道也不会再发生变化，因而对实际资料而言，在校正量未知的情况下，给出一个较大的校正范围，其算法依然能保持一个稳定的效果。最后，以以上所述为基础，在对某些具有大校正量的炮点或检波点进行计算时，将能够压制“周波跳跃”现象的产生。

（3）在大时移量地震资料静校正中，使叠加能量最大的静校正模型不可能是唯一的，这是因为静校正量函数直流分量的变化不会改变叠加能量。Ronen 称这为“零空间”（null space）。这里借鉴了 DuBose 的思想，通过考查相邻两炮点和检波点的静校正量的方差来移去那些与叠加能量无关的静校正分量。其方差表达式如下：

$$\min\left\{\sum_{y=1}^{M}\left[\sum_{h=1}^{NT_y-1}\left(S_k-S_l+R_m-R_n-X_k+X_l-Z_m+Z_n\right)\right]^2+\varepsilon\sum_{j=1}^{NS}X_j^{\ 2}+\varepsilon\sum_{j=1}^{NR}Z_j^{\ 2}\right\} \tag{3-15}$$

式（3-15）中，S 和 R 是通过最大能量法求取的炮点和检波点的静校正量，X 和 Z 则是通过空间滤波处理后需要消除的炮点和检波点的静校正直流分量，NT_y 是第 y 个 CMP 道集中的道数，k_{yh} 则为第 y 个 CMP 道集中第 h 道的炮号，l 即 $l_{y,h+1}$ 第 y 个 CMP 道集中第 $h+1$ 道的炮号。同样，m 和 n 是类似的对检波点的定义。ε 即松弛因子，为（0，1）之间的常数。

经过以上改进的最大能量法，能够有效地克服大时移量引起的“周波跳跃”现象，最大限度地减少静校正量的“零空间”漂移，同时提高算法的抗噪声能力。

图 3-7 为合成地震记录运用不同静校正方法的对比图，其中图 3-7（a）是没有剩余静校正量所期望的叠加剖面，叠前道集数据中已加入了信号最大幅度 30%的随机噪声。图 3-7（b）为加入±30ms 的炮点和检波点时移后的叠加剖面，由于大剩余静校正量的存在，叠加剖面的反射图像已经面目全非。图 3-7（c）是常规最大能量法输出的叠加剖面，可以看到构造形态已经完全被改变，“周波跳跃”造成了构造假象。图 3-7（d）是模型道混波输出的叠加剖面，可以看到成像效果还是不错的，但是整个剖面发生了漂移现象，即“零空间”现象，说明模型道混波在优化模型道、提高信噪比方面起到了不错的效果，但却无法抑制“零空间”现象。图 3-7（e）是慢速扩展相空间输出的叠加剖面，它起到了抑

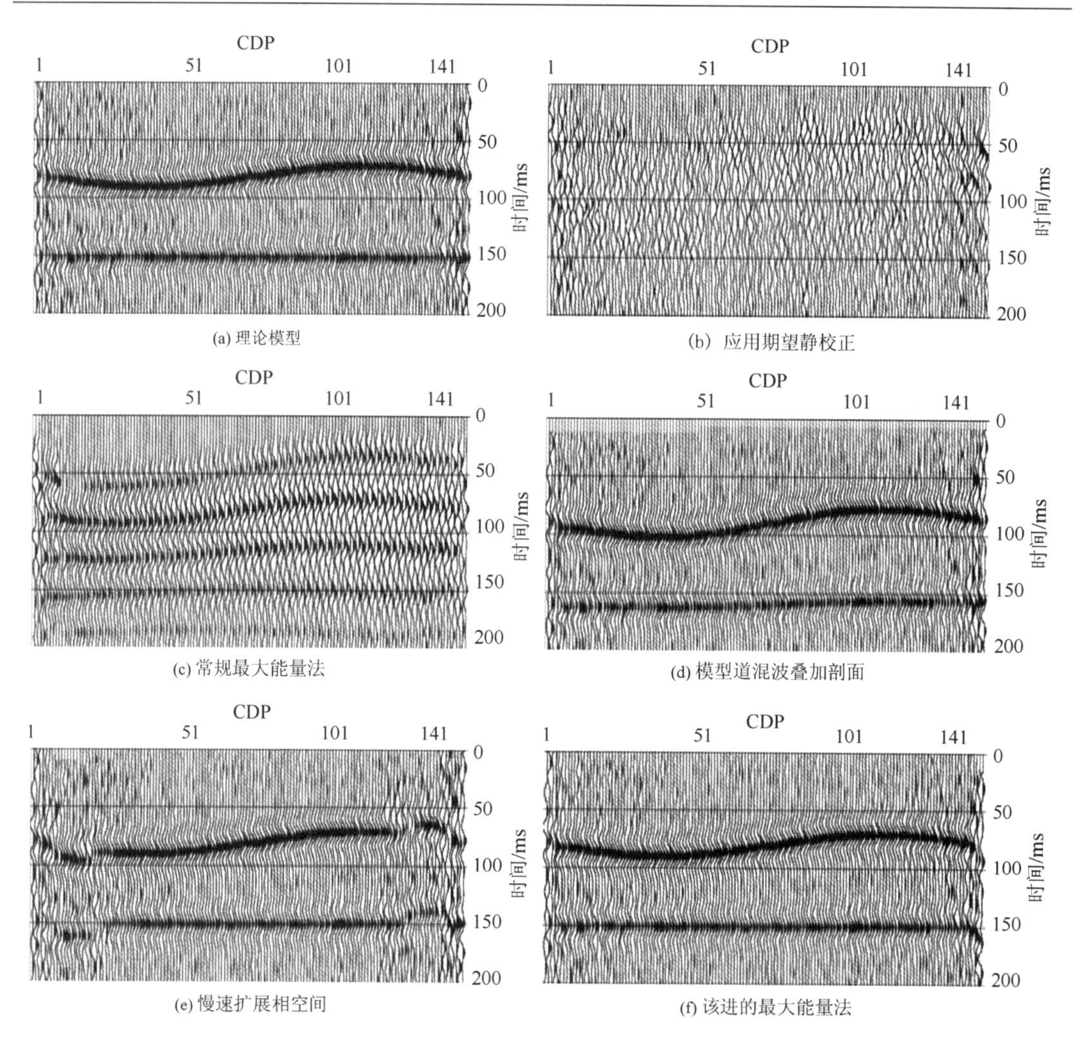

图 3-7　改进最大能量法叠加剖面对比图

制“零空间”现象的作用，但对覆盖次数少的 CDP 道集却成像不好。图 3-7（f）是上述 3 种方法相结合的输出叠加剖面，它结合了上述方法的优点，叠加剖面几乎与期望输出的剖面完全吻合，说明上述改进措施很好地发挥了作用，真正地提高了信噪比，改善了叠加剖面的成像效果，成功地解决了处理低信噪比、大静校正量资料时所遇到的“周波跳跃”问题。

选用一条实际资料的剖面数据来进行剩余静校正试验。图 3-8（a）为该测线一次野外静校正后的叠加剖面，叠加效果不好，构造不清晰。图 3-8（b）为经过常规最大能量法输出的叠加剖面，成像效果不好。图 3-8（c）为经过优化后最大能量法输出的叠加剖面，成像效果清晰，符合该地区构造。图 3-8（d）是两种方法所求出的检波点剩余静校正量对比图，可以看出改进后的最大能量法能够求解出大部分常规方法无法求得的静校正量，并且同相轴叠加效果很好。

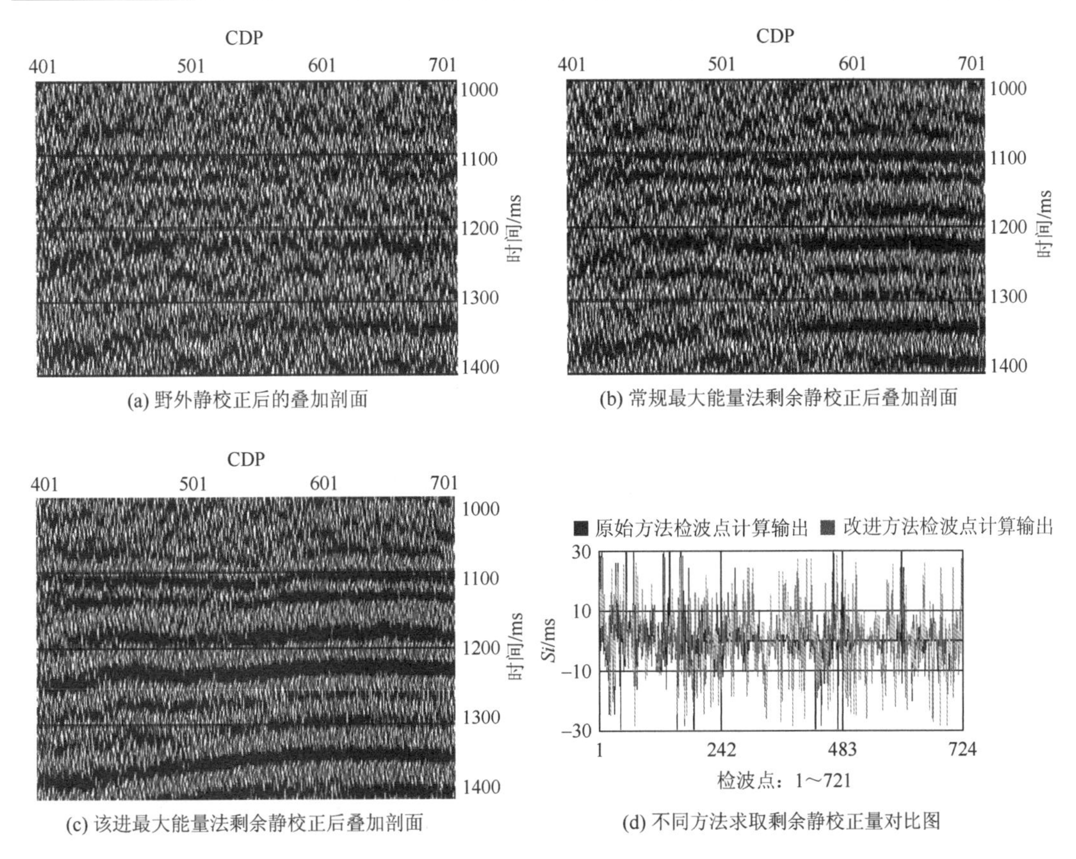

(a) 野外静校正后的叠加剖面

(b) 常规最大能量法剩余静校正后叠加剖面

(c) 该进最大能量法剩余静校正后叠加剖面

(d) 不同方法求取剩余静校正量对比图

图 3-8 不同剩余静校正的叠加剖面对比图

3.4 基于最优化理论的反射波静校正方法

一般来说，当互相关拾取的时移超过数据主周期的一半时，基于 CMP 道集的剩余静校正方法如最大能量法就很可能失败，虽然共地面点法可以估算出较大的剩余静校正量，但使用互相关法拾取时移可能会存在大的拾取误差。特别地，当基准面校正误差较大时，要求解大的剩余静校正量，常规剩余静校正方法容易产生局部极大值“陷阱”，无法避开局部极大值而找到全局最大值。换句话说，剩余静校正问题从其本质上说是一个非线性的、多参数、多极值的全局优化问题，应当采用随机性全局优化方法求解。图 3-9（a）、图 3-9（b）分别为常规剩余静校正方法处理后叠加剖面和全局最优算法剩余静校正处理后的叠加剖面，对比可以明显看出，全局最优算法相较于常规剩余静校正方法同其相轴更为清晰、波组特征更为明显、同相轴能量变强，叠加剖面改善效果要好很多。

3.4.1 模拟退火算法和遗传算法原理简介

前面讲到的最大能量法剩余静校正方法以及后面将要提到的多域静校正理论都是用来微调基准面静校正量并且假设剩余静校正量相对较小，这些方法都是线性方法，常常收敛到局部解，在静校正量很小的情况下，这个局部解也是全局解，但当假设不成立时，就需要非线性方法来求取全局解。非线性方法引用最多的是蒙特卡罗法，蒙特卡罗法的定义为：随机地选择可能的值并进行反复计算的一种数学方法。其结果是统计意义下的解。但由于蒙特卡罗法计算效率太低，为了提高计算效率，专家学者们又提出了半随机的蒙特卡罗法，在剩余静校正应用方面主要针对数学中新发展起来的模拟退火算法和遗传算法。迄今为止，已有许多专家和学者致力于这两种算法的研究改进和应用。

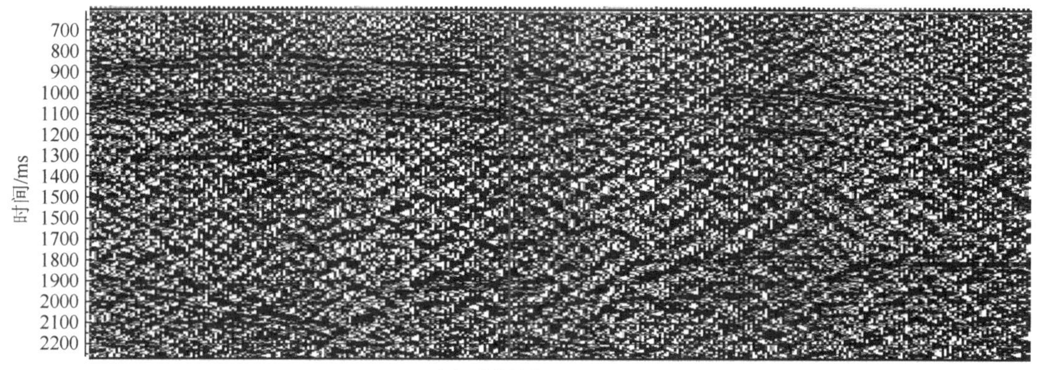

(a) 常规剩余静校正处理后叠加剖面

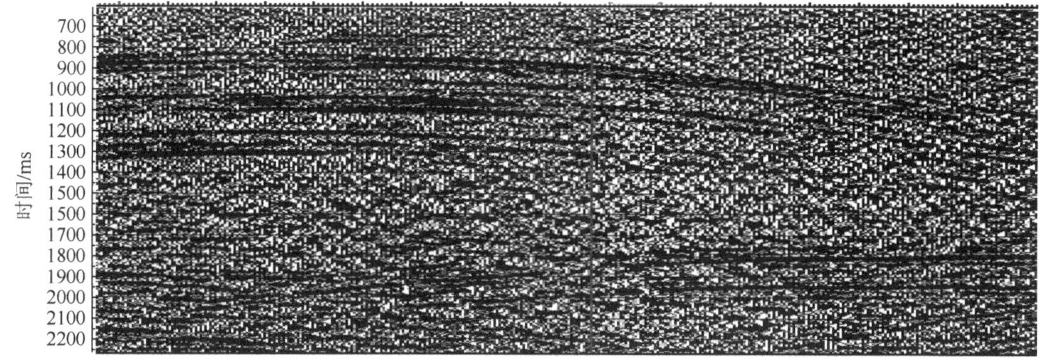

(b) 全局最优算法剩余静校正处理后叠加剖面

图 3-9　常规剩余静校正与全局最优算法剩余静校正处理效果对比图

［图片摘自李辉峰（2006）］

3.4.1.1　模拟退火

在优化理论中，受炮点和检波点静校正量影响的叠加能量 $E[S,R]$ 称为目的函数。剩余静校正计算中目的函数通常有很多极大点，目的函数的最大值称为全局极大值，所有其他的极大值称为局部极大值。在大静校正量计算的问题中，整体优化会遇到两个问题：第一是存在很多局部极大值；第二是没有足够的信息确定全局极大值的大致位置，无法给定良好的初始条件。这样，就不得不进行彻底搜寻。但是，彻底搜寻在计算上实现几乎是不可能的，假定每炮点和检波点的静校正值可以取 N 个值，对于 M 个炮点和检波点，就存在 N^M 个可能的答案。M 一般为几百或更多，对于大近地表异常，N 可以达 50 左右。由此可见，这是一个难以处理的优化问题。

对包括很多局部极大值的目的函数做整体优化时，引入“退火模拟”这一启发式算法。退火是晶体生长的过程：物质先被熔化，然后逐渐冷却，最后形成晶体。在这个过程中，冷却的速度非常重要，如果冷却太快，会产生非晶体状的玻璃体。Kirpatrick 等把晶体的生成模拟成对优化问题搜寻全局极大值，把玻璃体的形成模拟成错误地搜寻到局部极大值。

利用退火模拟进行剩余静校正的计算基于以下理论。一个炮点和检波点静校正量组合可看作一个随机变量 $X=\{X_1,X_2,\cdots,X_M\}$，X 取值为 $X=\{x_1,x_2,\cdots,x_M\}$。每种组合存在状态 X 的概率由下面的联合概率分布函数确定：

$$P(X=x)=\frac{1}{Z}\exp\left(\frac{E(x)}{k_BT}\right) \tag{3-16}$$

式中，$E(x)$——叠加能量；

k_B——玻尔兹曼常量；

T——热力学温度；

Z——规格化常量。

$$Z=\sum_x\exp\left(\frac{E(x)}{k_BT}\right) \tag{3-17}$$

式（3-17）称为吉布斯分布，也称正则分布。受概率分布函数控制，$E(x)$ 增大或者减小时对应的静校正量组合都有可能被保留，这一点对于搜寻能量全局极大值而言是非常重要的。

一个系统由 M 个模型参数表示，在静校正估算时，模型参数是炮点静校正量和检波点静校正量。对每个模型参数 X_m 的当前值给予一个扰动，计算能量变化 ΔE，如果 $\Delta E\leqslant 0$（即能量减小），这个扰动就给予承认；如果 $\Delta E>0$，该扰动被承认的概率是

$$P(\Delta E)=\exp\left(\frac{\Delta E}{T}\right) \tag{3-18}$$

可以借助一个在 0 与 1 之间均匀分布的随机数 a 来实现有条件的承认，即若 $a\leqslant P(\Delta E)$ 就承认这个扰动，否则就保留原来的数值。每当某个参数的扰动被承认之后，该参数值就立即修改，在该参数未被再次修改之前，所有以后的能量计算都继续地使用这个值。参数按这些规则随机地扰动，实际上是使系统趋于平衡，这时系统的组态 $X=\{x_m\}$ 满足吉布斯概率分布。

叠加能量变化 ΔE 的计算，可采用局部计算的方法，不需要重新叠加所有的 CMP 道集，只需要重新计算那些与修改的炮点静校正量或检波点静校正量有关的 CMP 道集 (y)。涉及 s_i 的叠加能量为

$$\varphi_{s_i}(s_i)=\sum_{y\in Y_{ji}}\sum_i\left[\sum_h d_{yh}(t+s_{i(y,h)}+r_{j(y,h)})\right]^2 \tag{3-19}$$

而其他的炮点静校正，s_k、$k\neq i$、和 r_j 保持不变。同样的，涉及 r_j 的叠加能量为

$$\varphi_{r_j}(r_j)=\sum_{y\in Y_{ji}}\sum_i\left[\sum_h d_{yh}(t+s_{i(y,h)}+r_{j(y,h)})\right]^2 \tag{3-20}$$

而 r_k、$k \neq j$ 和 s_i 保持不变。计算 $\varphi_{s_i}(s_i)$ 和 $\varphi_{r_j}(r_j)$ 比炮点静校正和检波点静校正同时修改时的计算要简单。

模拟退火算法可以对每一个参数交替地进行两步计算：①对静校正做随机假设；②决定是否承认这个假设。为了提高随机假设的“取舍比”，在做随机假设之前先算出每次可能搜寻的相对概率，给出永远被承认的加权假设，而不是给出要么承认、要么舍弃的随机假设。这种做法称为一步随机搜寻算法，又称为热槽法。

设炮点静校正和检波点静校正是一个单值的随机变量 $X=\{X_m\}, m=1,2,\cdots,M$。假设任何炮点静校正或检波点静校正 X_m 可以在 N 个值中取一个值 τ_p，$p=1,2,\cdots,N$；令第 m 个炮点静校正或检波点静校正的叠加能量函数为 $q_m(\tau_p)$，为了选出 X_m 的新值，一步随机搜寻法从下面的概率分布函数提取一个随机数：

$$P(\mathrm{X}_m=\tau_p)=\frac{\exp\{q_m(\tau_p)/T\}}{\sum_{p=1}^{N}\exp\{q_m(\tau_p)/T\}} \tag{3-21}$$

无论叠加能量是否改变，X_m 的新值永远保留，叠加一直修改。如果叠加能量 $q_m(\tau_p)$ 增大，则 $X_m=\tau_p$ 的概率也增加，选择使能量减少的 τ_p 也是可能的，但是概率较小。

叠加能量 $q_m(\tau_p)$ 的计算，可以用互相关函数来代替。为此，有

$$q_m(\tau_p)=A^{-1/2}\sum_{i,j\in c_{Di}}R_{ij}(\tau_p) \tag{3-22}$$

其中，$R_{ij}(\tau_p)$ 是式（3-23）表达的互相关函数：

$$R_{ij}(\tau_p)=\sum_{i}y_m^{1/2}(t)d_{ij}(t+\tau_p) \tag{3-23}$$

A 是规模化常量：

$$A=\left[\sum_{i,j\in c_{Di}}\sum_{i}[d_{ij}(t)]^2\right]\left[\sum_{i,j\in i_{mn}}\sum_{i}[y_m^{1/2}(t)]^2\right] \tag{3-24}$$

式（3-24）中，$d_{ij}(t)$ 是相对于炮点 i 和检波点 j 的校正后的道；$y_h^{ij}(t)$ 是 CMP 道集中除 $d_{ij}(t)$ 以外的其他道的叠加。c_m 是炮点 i 或检波点 j 所对应的道集所涉及的炮点或检波点的范围。互相关函数相加得到地表一致性的平均效应，将其结果规格化以消除振幅空间的变化。

温度 T 决定每个可能的静校正值的相对概率，为了能收到一个最佳叠加结果，T 应选得足够大，以便使叠加结果变化显著；同时，在快获得正确结果时，T 应选得足够小，以便使式（3-24）概率分布函数化。

模拟退火算法的性能主要取决于控制温度下降过程的温度更新函数，温度更新函数的确定不仅与优化问题的本身有关，而且与产生随机变量的概率函数有关。在实际中一般都是根据概率分布函数按照某种启发式方法确定适当的温度更新函数。

模拟退火算法同其他启发式随机搜索方法一样，首先按照一定的概率分布在较大的范围内随机地产生试探点，以实现大范围的粗略搜索，然后逐渐缩小随机产生试点的范围，使搜索过程逐渐变为局部的精细搜索。模拟退火算法就是通过适当地控制温度的变化过程实现大范围的粗略搜索与局部精细搜索相结合的搜索策略。由于发生随机变量的概率密度

函数以及接收试探点为新的当前迭代点的概率都和温度有关，所以，当温度较高时，随机产生的试探点的散步范围较大，并且能够以较大的概率接收使目标函数值增大的试探点，从而实现大范围搜索。随着温度的逐渐下降，随机产生的试探点越来越集中在当前迭代点的局部范围内，那么，在温度较低时，模拟退火法将近似于传统的随机搜索方法，因而一旦陷入局部最优解将很难逃脱出来。因此，为了提高模拟退火算法求得全局最优解的可靠性和计算效率，一方面要保持适当的温度下降速度，另一方面要使产生的随机变量保持一定的散步程度，即随机产生的试探点不能都集中在当前迭代点的局部范围内。显然，当产生随机变量的概率分布函数与温度有关时，温度更新函数不仅决定了温度的下降速度，而且还决定了整个退火过程中所产生的随机变量的散步程度，即温度更新函数决定着模拟退火的全局收敛能力。

S. Geman 和 G. Geman（1987）提出温度更新函数：

$$T_k = T_0 / \log(1+k) \tag{3-25}$$

并从理论上证明了概率分布函数呈 Boltzmann 分布时，对数更新函数式（3-25）可使模拟退火算法（simulated annealing，SA）收敛于最优解。

后来又有学者提出温度更新函数为

$$T_k = T_0 / (1+k) \tag{3-26}$$

并从理论上证明了按式（3-26）降温可使 SA 收敛于全局最优解。

Vikholm 于 1987 年给出的温度更新函数是

$$T_k = T_0 \exp(-C_0 \cdot k^{1/NM}) \tag{3-27}$$

并证明了其收敛性。

Rothman 于 1985 年采用的温度更新函数是

$$T_k = T_0 \alpha^k \tag{3-28}$$

杨若黎等于 1997 年给出的温度更新函数为

$$T_k = \left(\frac{k-1}{k}\right)^m T_{k-1} \tag{3-29}$$

式（3-25）～式（3-29）中，T_0——起始温度；

k——迭代次数；

C_0——常数；

N、M——参数空间的长度；

$\alpha(0<\alpha<1)$——衰减因子；

$m(m\geqslant 1)$——给定常数。

3.4.1.2　遗传算法

另一种全局最优化算法是遗传算法（Wilson and Vasudevan，1991；Stork and Kusuma，1992；Wilson et al.，1994），这种方法已经实验性地用于剩余静校正量的估算。

在原理上，遗传算法是模拟生物进化过程的一种处理方法。从一个所谓的模型群体开始搜索，根据适者生存（适应性）的原理，一代一代构建模型群体。最后生存下来的群体对应于期望的答案。

遗传算法包括以下步骤：参数编码、选择或复制、交配和变异。遗传算法中的适应性概念相当于模拟退火算法的目标函数。因此，最适应的模型是使误差或目标函数达到或接近于最小值的模型（图 3-10）。

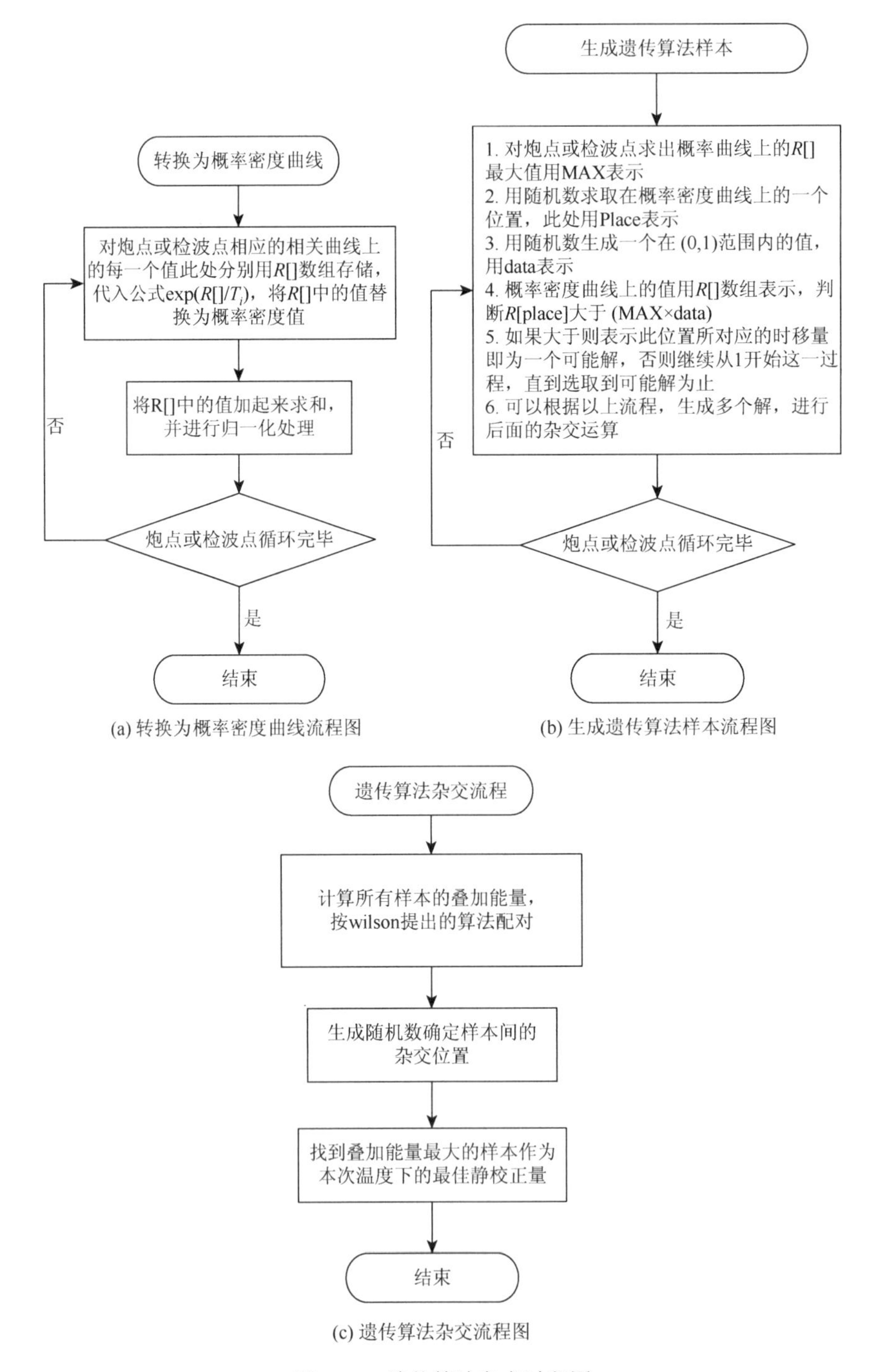

(a) 转换为概率密度曲线流程图

(b) 生成遗传算法样本流程图

(c) 遗传算法杂交流程图

图 3-10　遗传算法杂交过程图

在参数编码阶段，遗传算法主要是生成代表侧线上所有位置处剩余静校正量的基本的染色体。染色体由一系列连接在一起的二进制字符串组成，每个二进制字符串代表的是某一特定地面点处的剩余静校正量。例如，如果采样间隔是 4ms，一个 5 位的二进制字符串可以表示 0～124ms 的剩余静校正量，或者−64～60ms 的剩余静校正量。因此，一个染色体代表一个特定的模型，可以通过解码确定每个参数的值或每个地面点的剩余静校正量。Wilson 和 Vasudevan（1991）在使用过程中发现，基数 n 代码更加有效，其中 n 是每个地面点处剩余静校正量可能值的数目。遗传算法是从所谓的种群模型集开始的，每个模型用一个染色体来表示，起始的模型是一些随机选择的剩余静校正量。为了确定下一代种群的模型父本，要对当前种群的每一个模型的适应性进行估算，根据估算值来选择下一代的模型父本。

在选择或复制阶段，遗传算法是根据选择或复制概率从当前种群中选出下一代的模型父本。模型父本具有把它的某些特征遗传给下一代的功能。最基本的选择方法是随机抽样法，这种方法根据当前种群中模型被选择的概率随机地选取下一代种群的模型父本。每个模型被选择的概率是根据它的适应性或目标函数计算出来的，即概率为被选择模型对应的目标函数值与所有模型对应的目标函数值总和的比值。另一种选择方法是无置换随机余数选择法，这种方法是在随机抽样法基础上改进发展得来的（Goldberg，1989；Stoffa and Sen，1991）。Goldberg（1989）曾建议修改目标函数使其对初始种群的模型并不敏感，这样就可以避免只有少数几个适应性最好的模型控制下一代的模型父本的情况。目标函数在后续的迭代中再逐渐恢复为原来的形式。为了达到这一目的，Stoffa 和 Sen（1991，1992）曾建议使用模拟退火的方程（3-17）作为概率函数来选择模型父本。这个概率函数不仅取决于目标函数而且还取决于温度参数，这样不仅能够保证选中适应性好的模型机会较大，而且还保证了处在高温时模型具有一定的发散性，而处在低温时模型容易收敛。和模拟退火法的处理过程一样，他们建议初始时用高温，随后迅速地冷却。

在交配阶段，在选取的父母染色体之间随机选择数字的位置进行交换，产生两个后代。例如，假设一对父母对应的染色体或二进制字符串为 11000 和 00101，那么如果取第三位为交换点，则形成的两个后代分别为 11001 和 00100。这意味着父母的染色体的前三位都没变化，最后两位进行了交换。Stoffa 和 Sen（1991）曾使用过多个交换点，即每一个染色体二进制字符串选一个交换点，而不是整个染色体选一个交换点。

在少数后代中客观变异改变了染色体的某一位。一般地，变异的概率设得很低。在具体实现过程中，变异概率有时取交换概率的补数（Wilson and Vasudevan，1991），有时是一个独立的变量。变异过程使下一代模型存在一些随机性，即会产生其他血统后代。

随着交配和变异的进行，种群的进化过程使得适应性好的生存下来而适应性差的被淘汰。已提出的各种各样的算法，都是按改善适应性的平均水平而不增加种群的成员数量的原则设计的，可以在家庭基础上比较，在两个父代和两个后代之间保留适应性最好的两个。Berg（1949）曾建议，在进化过程中，如果父母中有一个比其两个后代的适应性都好，则应保留这对父母而舍弃后代；反之，如果后代中有一个比其父母的适应性都好，则应保留这对后代。Stoffa 和 Sen（1991）曾建议，一个后代应该跟原种群中随机选取的一个成员进行比较，根据优胜劣汰原理和更新概率，选择生存和被淘汰的模型。

重复上述迭代过程，可以产生一代又一代更新的模型或进化了的后代。当种群中所有的模型适应性都具有相同的水平或者均匀时，就停止进化或迭代。最后种群中的模型是从不同初始模型，即随机的剩余静校正进化来的。因此，可以对最终的模型进行平均得到最终的静校正量。和模拟退火法一样，随机选取的剩余静校正量应该包含长波长和短波长剩余静校正分量。如果使用的适应性准则或目标函数对长波长剩余静校正分量的变化不敏感，那么应该通过适当的空间滤波把长波长剩余静校正分量去掉，先求解短波长剩余静校正分量。

为了将遗传算法应用于剩余静校正量的求取问题，在遗传算法中采用了四项技术和方法，它们是：共享技术，受限交配，多种交叉策略和灾变；同时再加上相互独立的多个子群体并行搜索，从而形成了针对剩余静校正量求取问题的算法。这四种技术和方法的主要特点是：

（1）共享技术：为了保证群体中染色体的多样性，对群体中所有相同适应值的染色体均应进行变异操作，即对有相同特征的染色体只保留一个在群体中，以免个别高适应值染色体初期在群体中迅速扩散，形成早熟收敛。

（2）受限交配：在自然界中具有相同特征的一群生物个体被认为是一个物种，环境也被分成不同的小环境，形成小生境，基于这种生物原理，交叉配对染色体不再是随机选择，而是在具有相同特征的种群中选择。我们在操作过程中反复进行排序，从而使每次配对的两个染色体特征相近，这有利于加快遗传算法的速度。

（3）多种交叉策略：目前遗传算法的交叉（也被称为杂交）方法多种多样。根据剩余静校正问题的参数均为离散化的要求，在比较试验结果的基础上，我们选用了三种交叉方式：①中点交叉，也称一致性交叉；②任意两点间交叉；③任意一点交叉，分别应用于各个子群体中。各个子群体定期交换信息，以便充分利用三种交叉方式各自的优点来提高计算的效率。

（4）灾变：目标函数的最大值在一定数量的迭代次数后不再改变时，对整个群体发生一次大规模的变异，以便跳出局部极值，减缓搜索过程的早熟收敛。

结合上述技术和方法，得到了应用于剩余静校正量求取问题的遗传算法，其形式可用式（3-30）描述。

$$GA=(P_0(\lambda,\mu),\tau,GA_i(P_{m1},P_{m2},\eta),\varepsilon(n_d,n_c)) \tag{3-30}$$

式中，$P_0(\lambda,\mu)$——为初始群体；

λ——子群体数目；

μ——每个子群独立运行时间（代间隔）；

$GA_i(P_{m1},P_{m2},\eta)$——子群体的遗传操作算子（$i=1, 2, \cdots, \lambda$）；

P_{m1}——某个子群体的变异率；

P_{m2}——某个子群体染色体变异的位数；

η——某个子群体所用的交叉方式；

$\varepsilon(n_d,n_c)$——停止准则；

n_d——多少代无变化就停止整个搜索过程；

n_c——多少代无变化则发生一次灾变。

具体而言，用遗传算法解决剩余静校正问题需要以下几步：

（1）分别随机的初始化所有染色体并随机地把它们置于几个子群体中。

（2）对每个子群体分别应用各自的遗传算子进行搜索。①排序配对。②变异。当 Random(0, 1)＜P_{m1} 或配对的两个染色体适应值完全相等时，变异其中的一个染色体，并循环所有配对。对于某个将变异的染色体，同样遍历每一位基因，当 Random(0, 1)＜P_{m1} 则变异该位基因［Random(0, 1)为 0～1 的随机数发生器］。③对该子群体重新排序配对。④按规定的交叉方式分别对每一配对进行交叉，并保留两个最大适应值者作为下一代的母体。

（3）如果迭代代数 $k=\tau$，则所有子群体任意两两配对，分别用各自的最佳染色体替换对方最差染色体，否则转（2）。

（4）当 $n_o=n_c$ 时，发生灾变，否则转（5）。（n_o 为一个计数器）

（5）当 $n_o=n_d$ 时，结束整个搜索过程，输出拥有最大适应值的染色体（这就是我们要求的剩余静校正量），否则转（2）。

3.4.2　混合优化算法

混合优化算法的产生是来自于蒙特-卡罗算法的优化思想，对蒙特-卡罗算法而言，它是一种随机的选择可能的值并进行反复计算的一种方法，现今的蒙特-卡罗算法主要有两种：模拟退火算法和遗传算法，这两种算法的问题在于它们在随机搜索可能的解时，都会面临庞大的、各种各样可能的组合。那么为了在生产应用中减少时间，可以加入最大能量法、最速下降法、共轭梯度法来尽快地寻找局部最优值并把它作为初值，这些局部最优值中也许就有全局最优值，然后再应用全局寻优的模拟退火算法和遗传算法。这种混合优化方法的优势是利用了局部和全局寻优算法的优点而避开了它们的缺点，在有些情况下，假设剩余静校正量较小可以减小剩余静校正量的搜寻范围。

常规的混合优化算法原理如下，具体流程图如图 3-11 所示：

（1）用最大能量法产生局部最优解，改变地震数据。

（2）温度控制函数采用 Rothman 提出的［式（3-28）］进行控制，结合模拟退火算法的 Gibbs 概率密度函数，生成遗传算法需要的群体样本。

（3）按照式（3-31）计算每个样本的适应性值，即每个样本的叠加能量。

（4）对群体样本执行遗传杂交与选择算法，其中选择算法采用 Wilson 和 Vasudevan（1991）提出的最优次优配对原则（根据样本的适应性，在第一次遗传时按照适应性最佳的与次佳的配对，3 号与 4 号配对，以此类推，而后则 2 号与 3 号配对，4 号与 5 号配对，依次类推），根据该原则选择要进行杂交的模型父本；在进行杂交时，生成随机数选择样本间的杂交位置，按照该位置杂交。

（5）再次计算父样本和子样本的适应性值，选择最好的样本改变地震数据。

（6）降低退火温度，重复步骤（2）、（3）、（4）、（5），直到 Gibbs 概率密度函数大于 0.99 便结束运算。

其中适应性目标函数为式（3-31）：

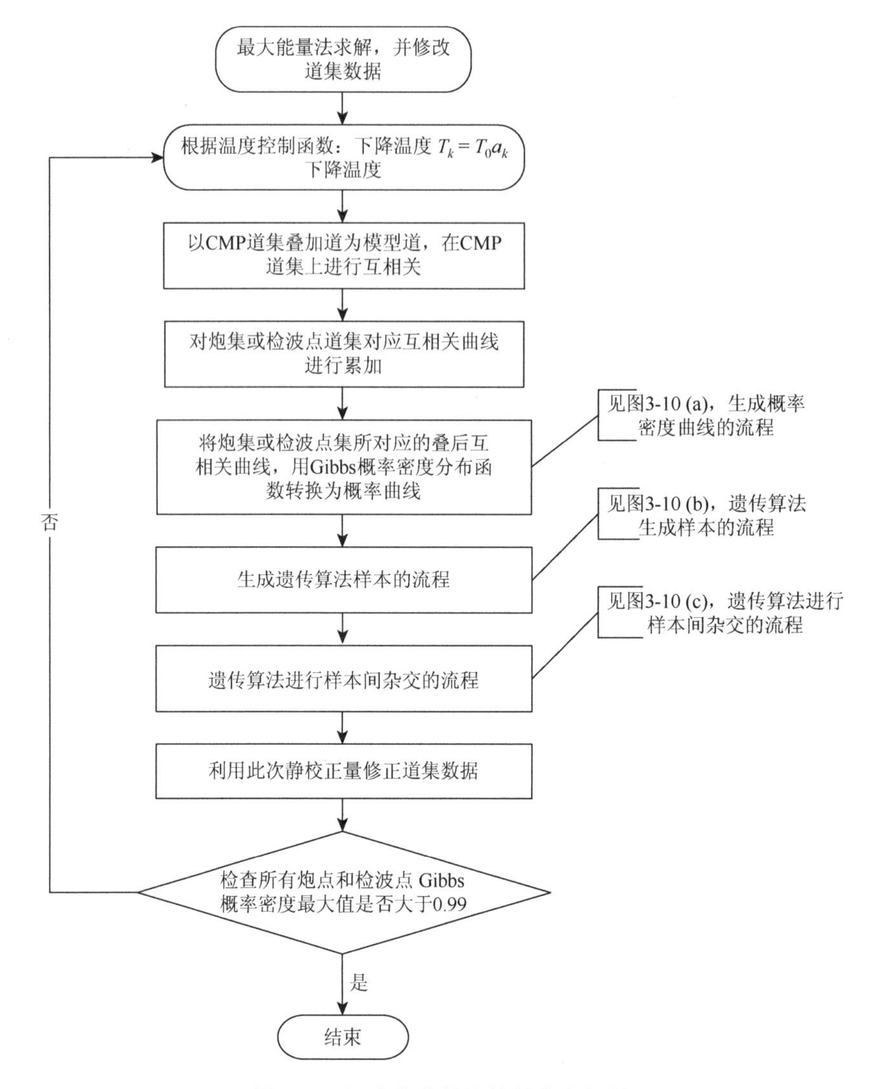

图 3-11　混合优化算法的基本流程图

$$E(S,R)=\sum_{y=1}^{M}\sum_{t=t_1}^{t_2}\left\{\sum_{h=1}^{N}[d_{yh}(t+S+R)]\right\}^2 \tag{3-31}$$

Gibbs 概率密度函数为

$$P(\tau)=\frac{\exp[\phi_{\mathrm{FG}}(\tau)/T]}{\sum_{\tau=1}^{n}\exp[\phi_{\mathrm{FG}}(\tau)/T]} \tag{3-32}$$

其中，

$$\phi_{\mathrm{FG}}(\tau)=\frac{\sum_{t}F(t)G(t+\tau)\mathrm{d}t}{\left[\sum_{t}F^2(t)\mathrm{d}t\sum_{t}G^2(t)\mathrm{d}t\right]} \tag{3-33}$$

混合优化算法的产生就是为了结合模拟退火算法和遗传算法各自的优点去解决本来在两种算法中都不易解决的难题，当然两种算法的结合会有一定的效果，但是用遗传算法的观点，要用两个本身都问题重重的父本去杂交生成一个优秀的子样本，这种概率是非常低的。

若要使产生优秀子样本的概率提高，只有用两个较好的父样本去杂交。因此混合优化算法的问题归根结底就是模拟退火算法和遗传算法的问题。问题如下：

（1）模拟退火算法在混合优化算法中的作用是提供丰富的群体样本给遗传算法并根据概率密度函数确定其收敛条件，该算法能够保证选中适应性好的模型的机会较大，而且能够保证处在高温时模型具有一定的发散性，而处在低温时模型容易收敛。模拟退火算法的问题在于：冷却进度问题，要确定冷却进度需要考虑初始温度、冷却速率、每个温度对应的时间以及停止处理的时间，要确定以上因素需要反复的试验，若以上因素不能很好的确定，不仅要花费大量的计算时间，而且不能够保证一定收敛。

（2）遗传算法在混合优化算法中的作用是对所提供的父样本进行选择、交配和变异的运算，最终生成适应性更强的子样本，即叠加能量更强的炮点和检波点的静校正量组合。遗传算法的问题在于：选择父样本的算法能否保证交配样本间的群体多样性，从而避免早熟现象的产生，例如 Wilson 提出最优次优配对的选择方法，这种方法让适应性强的父样本之间进行杂交，适应性差的父样本之间进行杂交。这样的杂交算法忽视了群体多样性的重要因素，会造成只有少数几个适应性最好的模型控制下一代的模型父本，经试验证明最终会产生早熟的现象，不能够进一步提高样本的适应性。

针对模拟退火的改进措施：对地震资料分别设置几个初始温度、冷却速率和终止温度进行观察，选择大多数炮点或检波点的概率密度函数最大值能够达到 0.99 以上的温度控制条件，并且在计算过程中对每个炮点或检波点加上温度的控制，若此炮点或检波点在此次迭代中的概率密度最大值已经达到了 0.99，那么在下次计算中，它的温度仍然保持不变，经过试验证明这种方式既能够保证模拟退火算法高效的计算，又能够保证算法在全局范围内搜索解，不会陷入局部极值。

针对遗传算法的改进措施：遗传算法在处理剩余静校正问题时往往出现早熟收敛这一现象，关键在于模型父本的选择和适应性函数的选择很难避免只有少数几个适应性最好的模型控制下一代的模型父本，即由于交叉操作导致的群体多样性过低，次优个体过早地控制整个群体新生个体的存活率，影响遗传操作的效率和扩大搜索其他极值区域的能力，这将会导致遗传算法发生早熟收敛现象。当前的遗传算法都采用的是 Wilson 和 Vasudevan（1991）提出的形成模型父本的方法，这种方法是按父本的适应性表中的次序，在第一次遗传时按照适应性最佳的与次佳的配对，3 号与 4 号配对，以此类推，而后遗传时则 2 号与 3 号配对，4 号与 5 号配对，依次类推。但通过理论试验和生产数据试验，发现对于剩余静校正问题仍然会发生早熟收敛的现象，效果并不理想。

潘树林等（2010）对自然血亲排斥算法进行了研究。为了克服早熟现象的产生，采用姚金涛和杨波（2008）提出的自然血亲排斥算法来替代 Wilson 和 Vasudevan 提出的最优次优配对的算法。自然血亲排斥算法指出，在进化过程中采用通婚记录方式记录每一个体近三次与其他个体交叉繁殖的历史，用以实现三代自然血亲之间的交叉排斥，最大可能地避免群体内部的近亲繁殖，其优点在于保证了群体多样性，避免早熟收敛。为此，提出利用模拟退火的方程作为概率函数来选择模型父本群体的基础，并通过自然血亲排除杂交策略选择杂交的个体父本的方法来改进遗传算法。通过理论试验和生产数据试验，证明此种方法有效地保证了群体多样性，抑制了早熟收敛，保障了算法的全局收敛，在剩余静校正问题处理中是成功的。

自然血亲排斥算法原理：人类两性关系的发展证明，血亲过近的亲属间通婚，容易把双方生理上的缺陷遗传给后代，增加残疾儿出生率。而没有自然血亲关系的氏族之间的婚姻，能创造出在体质上和智力上都更加强健的后代。借鉴人类社会这一成功的优生策略，在遗传算法中精确定义个体之间的自然血亲关系，进行交叉遗传操作时可以避免存在三代自然血亲关系的个体之间近亲繁殖，维持群体多样性，扩大搜索空间，从而实现全局收敛。其自然血亲排斥策略有如下定义：

定义 1：通婚记录 $H_A(t)$。指个体 A 在进化过程中与其他个体之间进行交叉操作的历史，表示为 $H_A(t)=\{\text{First, Mid, Last}\}$，其中 First、Mid、Last 为与个体 A 近 3 次交叉操作的个体。

定义 2：通婚记录更新。若个体 A 的通婚记录为 $H_A(t)=\{B, C, D\}$，表示个体 A 之前曾与个体 B、C、D 进行过交叉操作的记录，若现在 A 又与个体 E 进行了交叉，则 A 的通婚记录将更新为 $H_A(t)=\{C, D, E\}$，个体 E 的通婚记录作相同更新。

定义 3：婚史继承。两个体 A 和 B 进行交叉操作，生成两新个体分别为 AB_1 和 AB_2，则 A、B、AB_1 和 AB_2 将进行适应度比较，仅两者胜出。若 AB_1 或 AB_2 胜出，则将继承被淘汰父母一方婚史更新后的通婚记录；若 AB_1 和 AB_2 同时胜出，则二者将分别继承被淘汰父母各一方婚史更新后的通婚记录，否则 A 和 B 的通婚记录维持不变。

定义 4：自然血亲排斥。若第 t 代时，个体 A 和 B 的通婚记录分别为 $H_A(t)$ 和 $H_B(t)$，则 A 和 B 在交叉操作之前要分别检查对方的通婚记录，若在对方记录中存在与自身匹配的记录项，则放弃交叉，实现直系三代血亲排斥；否则，二者将继续对比双方通婚记录中 Last 记录项的二级通婚记录 $H^{\text{Last}}_{H_A^{\text{Last}}(t)}(t)$，实现旁系三代血亲排斥。

3.4.3　全局优化算法在剩余静校正问题中的运用

选用一条二维纵波数据来进行实际资料剩余静校正试验。该测线炮点数为 783，检波点数为 2561，每炮接收道数为 480，采样间隔为 2ms，记录长度为 3s。整条测线的 CMP 数为 5080，CMP 最大覆盖次数为 66 次。分别用两种方法对数据进行处理，计算时窗以 700ms 为中心，上下各 100ms，校正量范围为±30ms。图 3-12（a）、图 3-12（b）分别是两种方法所求出的炮点、检波点剩余静校正量对比图。图 3-13（a）为该测线仅做野外一次静校正的叠加剖面，叠加效果不好，构造不清晰。图 3-13（b）为经过利用 Wilson 方法选择模型父本的遗传算法输出的叠加剖面，成像效果一般，通过对比，道集中 2761 中心点到 3761 中心点间浅中深三层都有一定程度的改善，但是其他信噪比很差的区域，成像并不好。图 3-13（c）为利用自然血亲排斥方法选择模型父本的遗传算法输出的叠加剖面，成像效果清晰真实，符合该地区构造；并且红线框内信噪比很差的构造，该算法仍然能够很清晰的成像，这说明自然血亲排斥策略在全局寻优的能力上的确超过了 Wilson 方法。

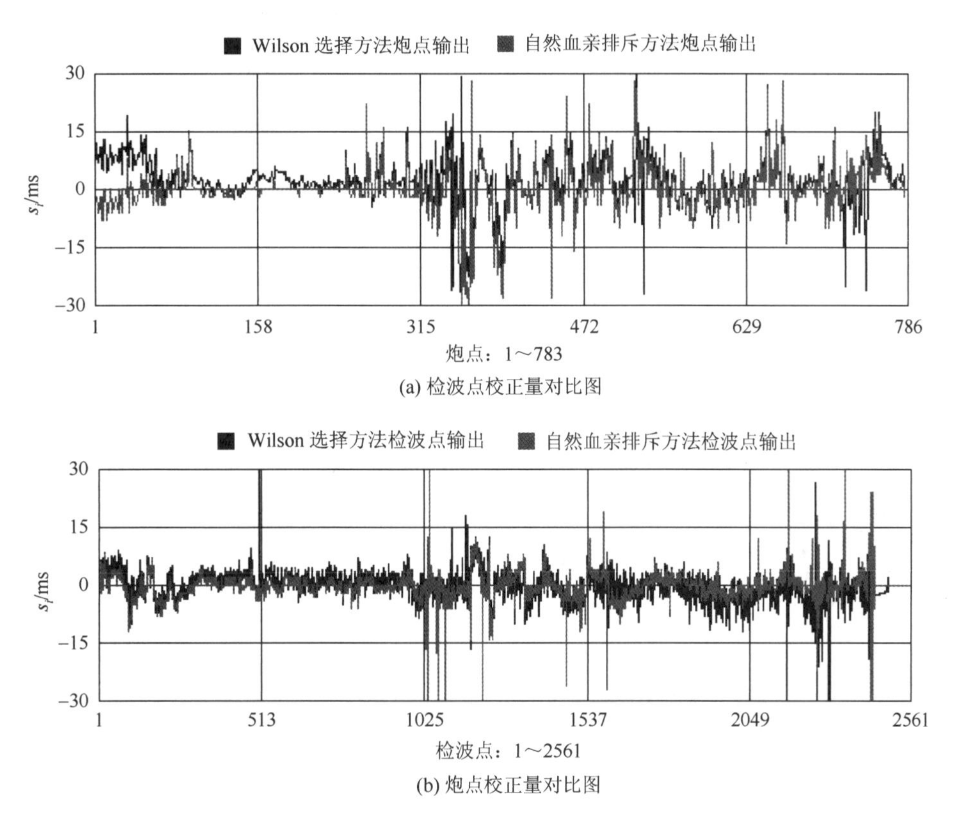

(a) 检波点校正量对比图

(b) 炮点校正量对比图

图 3-12　实际资料静校正量对比图

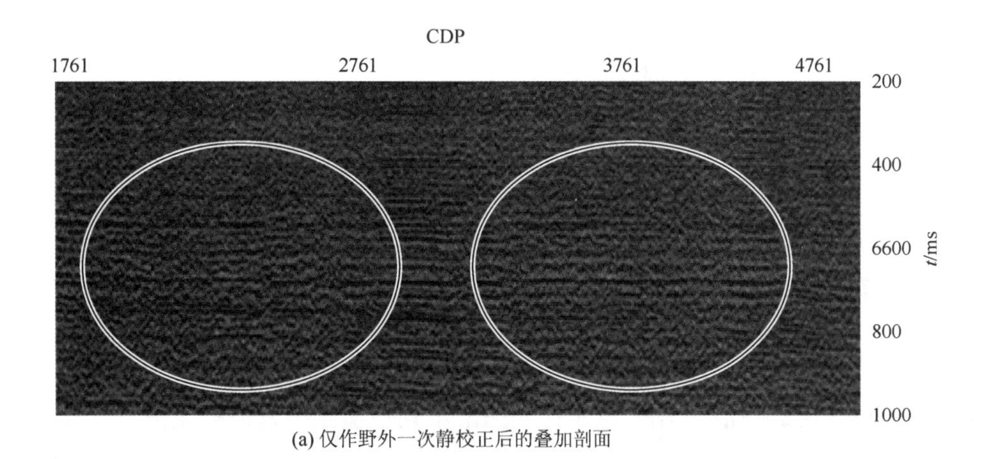

(a) 仅作野外一次静校正后的叠加剖面

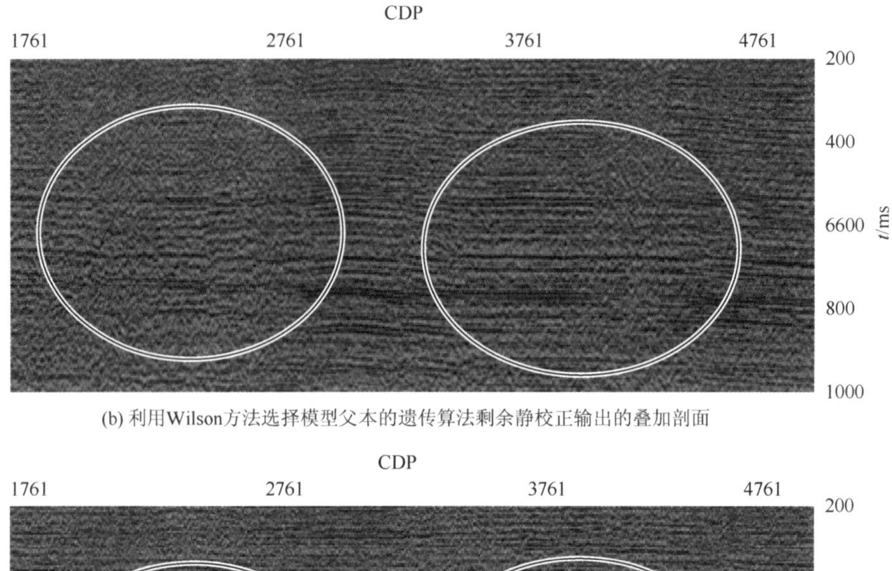

(b) 利用Wilson方法选择模型父本的遗传算法剩余静校正输出的叠加剖面

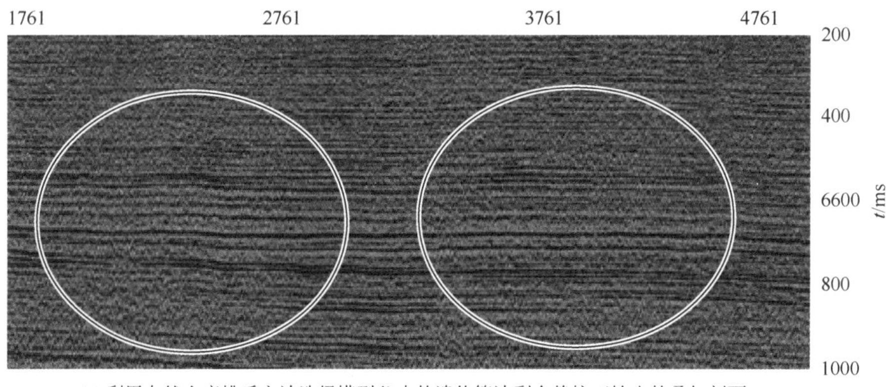

(c) 利用自然血亲排斥方法选择模型父本的遗传算法剩余静校正输出的叠加剖面

图 3-13　两种不同方法剩余静校正后输出的叠加剖面

3.5　多域反射波静校正理论

3.5.1　共炮检点剩余静校正方法

反射波剩余静校正通常在共中心点道集中进行，由于剩余静校正量计算过程中的随机性分布假设只有在道集内道数足够多的情况下才满足，因此覆盖次数越高剩余静校正计算效果越好。随着地震仪器和采集方法的发展，记录仪器道数越来越多，每炮10000道以上接收的资料已经非常常见。而CMP覆盖次数能够达到如此高的资料非常稀少。因此，在共炮（共检）点记录中采用均值为零的假设，条件更容易满足，静校正计算效果也会更好。潘树林等（2011）提出了共炮检点剩余静校正方法，实际资料取得了不错的效果。

某炮相邻两道的旅行时表示式：

$$\begin{cases} t_{ijk} = s_i + r_j + c_k h_{ij}^2 + y_k + N_{ij} \\ t_{ij+1k+1} = s_i + r_{j+1} + c_{k+1} h_{ij+1}^2 + y_{k+1} + N_{ij+1} \end{cases} \tag{3-34}$$

从式（3-34）可以看出，在同一炮中 s_i 相同，如果将共炮道集进行水平叠加，可以得到如下结果：

$$\begin{aligned}\Delta t_i &= (t_{ijk} + t_{ij+1k+1} + \cdots + t_{ij+nk+n}) / n \\ &= ns_i / n + (r_j + r_{j+1} + \cdots + r_{j+n}) / n \\ &\quad + (c_k h_{ij}^2 + c_{k+1} h_{ij+1}^2 + \cdots + c_{k+n} h_{ij+n}^2) / n \\ &\quad + (y_k + y_{k+1} + \cdots + y_{k+n}) / n\end{aligned} \tag{3-35}$$

基于检波点剩余静校正量随机分布，而动校正剩余量和构造量可以忽略的假设，考虑到 n 值较大，比较容易满足均值为零的条件。式（3-35）可以转化为

$$\Delta t_i = s_i \tag{3-36}$$

根据式（3-36）可知，共炮道集经过叠加后，生成的模型道仅仅存在炮点静校正量影响。

使用模型道和叠前的道进行相关，就可以计算出对应检波点的剩余静校正量。在共炮道集中求解检波点剩余静校正量的过程仍然作为一个最优化问题考虑：

$$\max_R \left\{ E(R) = \sum_{y=1}^{M} \sum_{t=t_1}^{t_2} [d_y(t+R)]^2 \right\} \tag{3-37}$$

式中，R——检波点的剩余静校正量；

E——叠加能量；

M——共炮道集的道数；

t_1 和 t_2——计算剩余静校正量的时窗范围。

如果改变检波点的剩余静校正量，叠加能量将会发生改变，选择使叠加能量最大的剩余静校正量作为检波点剩余静校正量。

在一个共炮点道集中，设 $F(t)$是和某一检波点有关的记录道，$H(t)$是其余道的叠加（即所谓的模型道），则该共炮点道集的叠加能量可写为

$$\begin{aligned}E(\tau) &= \sum_{t=t_1}^{t_2} \left[F(t-\tau) + H(t) \right]^2 \\ &= \sum_{t=t_1}^{t_2} \left[F^2(t-\tau) + H^2(t) \right] + 2\sum_{t=t_1}^{t_2} \left[F(t-\tau) H(t) \right]\end{aligned} \tag{3-38}$$

因此，求取叠加能量的最大值也就等效于求取它的互相关的最大值。取得共炮点叠加道集叠加能量最大的各个检波点移动时差，就是需要求取检波点的剩余静校正量。相同的思路可以在共检波点道集中计算得到炮点的剩余静校正量，所不同的是式（3-38）中各道移动量 τ 为需要求取的炮点剩余静校正量。

实际应用中分别在共炮点和共检波点道集中计算检波点和炮点剩余静校正量，通过多次迭代使叠加能量收敛于最大值。要保证叠加能量收敛于最大值，必须保证足够的迭代次数。在实际资料的计算中，可以通过设定最大迭代次数和合理的收敛标志进行综合判断。例如，设定最大迭代次数为 100，收敛标志为叠加能量增量小于总能量的 0.1%。则当迭代过程中，满足收敛标志或者达到最大迭代次数时，计算结束。在信噪比较高的情况下，迭代几次就可以满足收敛标志。但是在信噪比较低时，需要的迭代次数增加，通过设定最大迭代次数可以避免流程无止境地循环。

炮（检）点剩余静校正方法处理流程如图 3-14 所示：

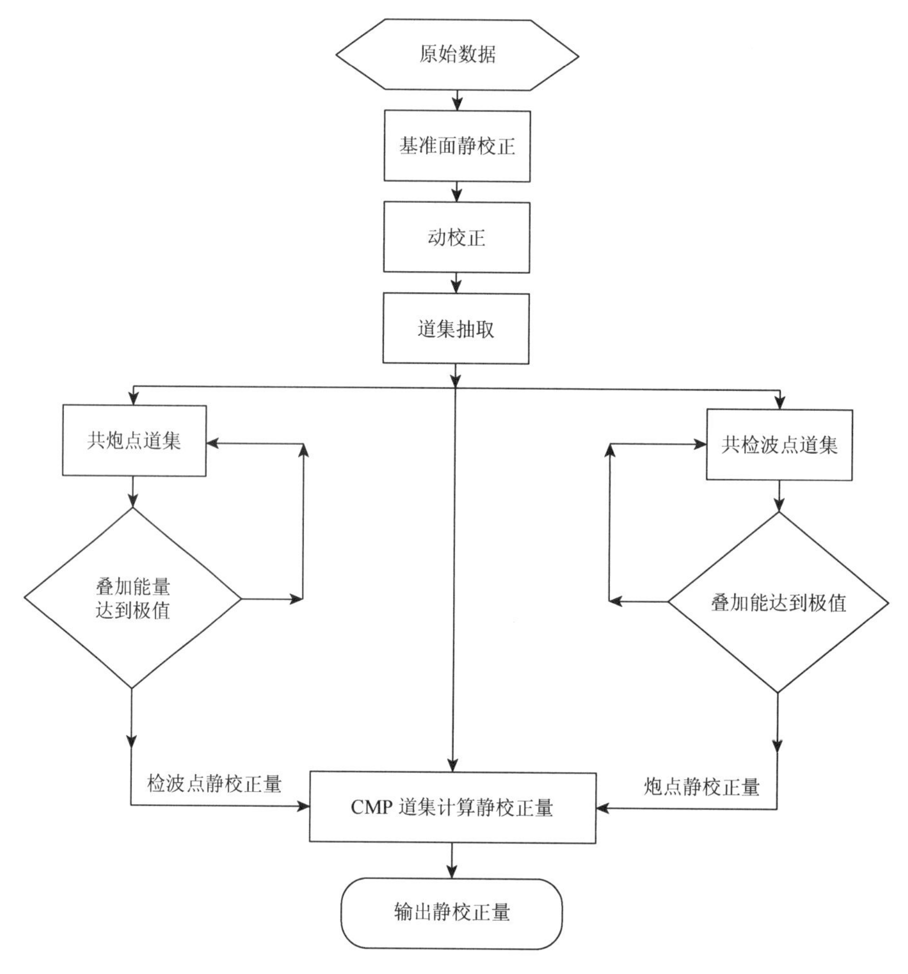

图 3-14　共炮（检）点剩余静校正方法流程图

（1）对应用过基准面静校正的数据进行动校正。

（2）进行道集抽取，抽取出共炮点记录、共检波点记录和共中心点（共转换点）记录。

（3）在共炮点记录中求取检波点的静校正量，其计算方法可采用统计相关法等。

（4）在共检波点记录中求取炮点静校正量。

（5）将求取的炮点和检波点静校正量应用到 CMP 道集记录中，在 CMP 道集中应用常规的剩余静校正方法求取炮点和检波点的剩余静校正量。

共炮点和共检波点域计算得到检波点和炮点剩余静校正量后，可以将静校正量应用到 CMP 道集中，再次在 CMP 道集中应用剩余静校正算法，可以进一步改善成像结果。共炮（检）点剩余静校正方法应用在常规剩余静校正方法不易解决的大剩余静校正量和低信噪比地区的剩余静校正量求取中，可以获得很好的效果。

选取了一条实际二维地震测线进行效果测试。该测线地表起伏较大，区内高程差超过500米。资料信噪比较低，且经过基准面静校正后，静校正剩余量较大，最终求取的剩余静校正量最大值达到60ms。图3-15、图3-16、图3-17分别为该资料共炮点、共检波点和共中心点（CMP）道集应用共炮（检）点剩余静校正前后叠加的结果。

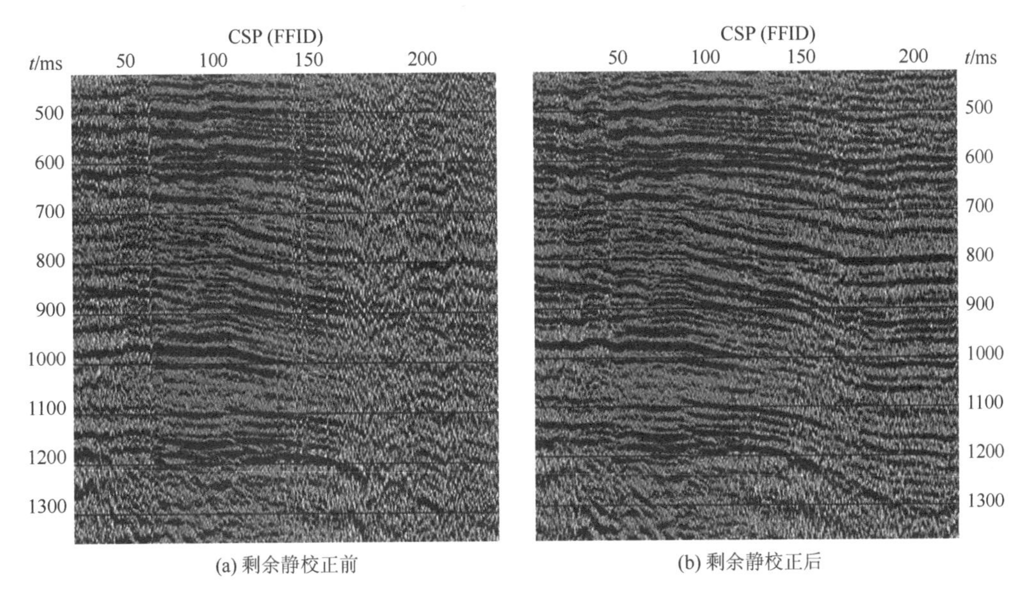

(a) 剩余静校正前　(b) 剩余静校正后

图3-15　共炮点道集叠加剖面

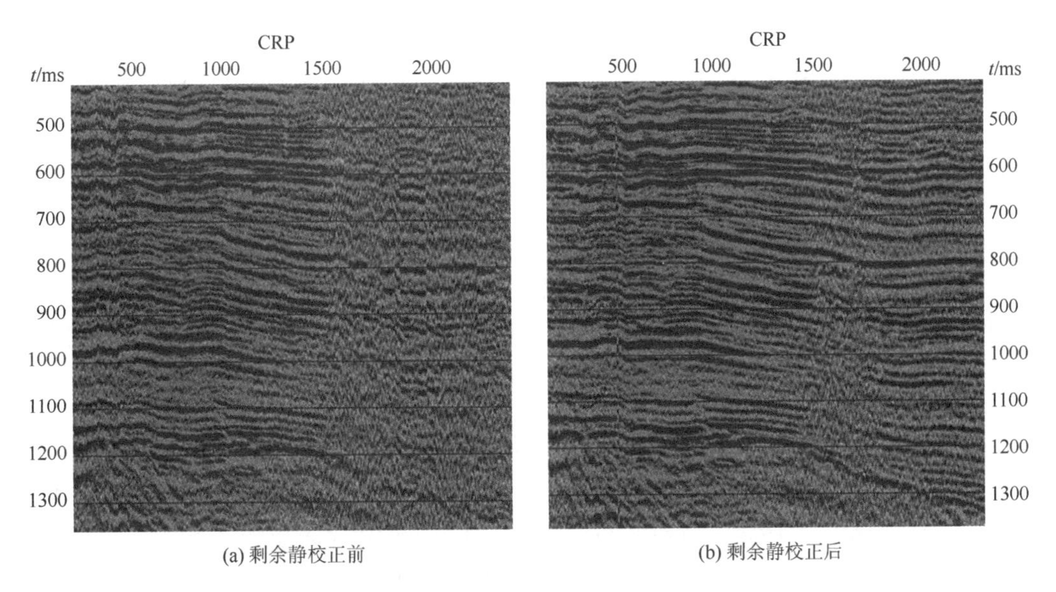

(a) 剩余静校正前　(b) 剩余静校正后

图3-16　共检波点道集叠加剖面

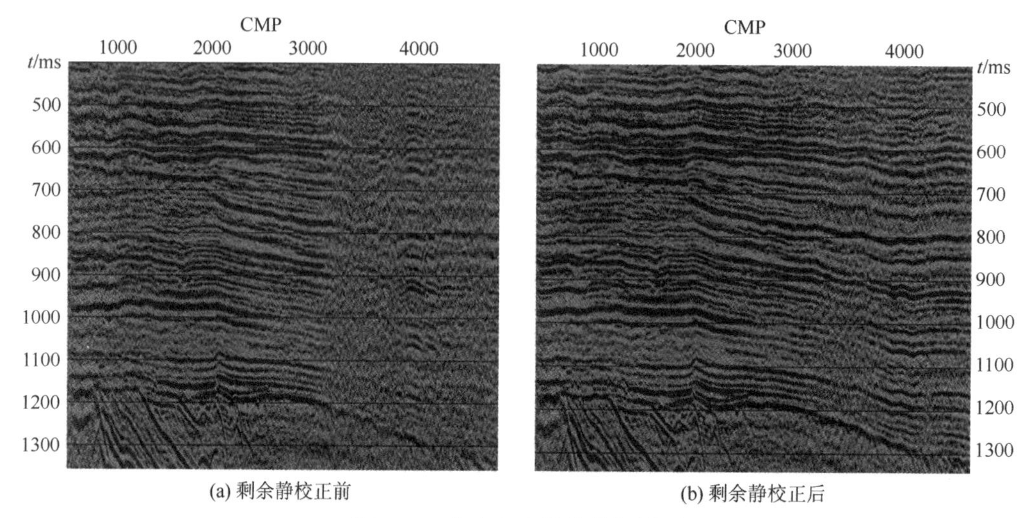

(a) 剩余静校正前　(b) 剩余静校正后

图 3-17　共中心点道集叠加剖面

图 3-15（a）、图 3-16（a）和图 3-17（a）分别为没有进行剩余静校正前的共炮点叠加道集、共检波点叠加道集和 CMP 叠加道集。从图 3-15（a）、图 3-16（a）、图 3-17（a）中可以看出，由于共炮点模型道和共检波点模型道更符合静校正量均值为零分布的特点，共炮点和共检波点模型道信噪比明显高于 CMP 模型道。应用信噪比较高的共炮点模型道与叠前各道进行互相关，计算出各个检波点的剩余静校正量。把计算结果应用到共炮点道集叠加中，可以获得成像效果更好的模型道，应用新的模型道可以进一步改善各个检波点的剩余静校正量。完成一次检波点静校正量的计算为一次迭代。迭代次数是一个比较重要的参数。可以通过当次叠加能量和上次叠加能量的差值来控制迭代，当叠加能量增量小于某一给定门槛值时，结束迭代。该资料在进行 15 次迭代后，完成检波点剩余静校正量的计算。计算炮点静校正量类似。

对比图 3-15～图 3-17 剩余静校正前后的叠加结果，可以看出，在共炮点道集、共检波点道集和 CMP 道集中，剩余静校正得到了较好的解决。剩余静校正后的叠加剖面成像明显好于静校正前的叠加结果，成像质量大大提高。

图 3-18 为使用最大能量法求取剩余静校正量和本书方法求取剩余静校正量后的叠加效果对比。在信噪比较高、剩余静校正量较小的左端，两种方法效果相当。但是在静校正量比较大而信噪比较低的右端，共炮检点剩余静校正方法表现出了较强的适用性，效果明显好于最大能量法。

共炮（检）点剩余静校正方法将人们用来计算剩余静校正量的共中心点域转化为共炮点域和共检波点域。经过转化后，剩余静校正量和噪声随机分布的假设条件更容易满足，在低信噪比、大剩余静校正量资料剩余静校正的计算中取得了不错的效果。

共炮（检）点道集内满足了剩余静校正量随机分布的条件，叠加道仅表现了炮点或检波点的静校正量，因此可以通过在共炮点和共检波点叠后记录中进行互相关求取各个炮点、检波点的剩余静校正量。转换波共检波点叠加道相关法就是利用了这种思想较好地解决了转换波的剩余静校正问题。结合本书提到的共炮（检）点剩余静校正方法和叠后记录相关法可以更好地解决低信噪比、大剩余静校正量资料的剩余静校正问题。

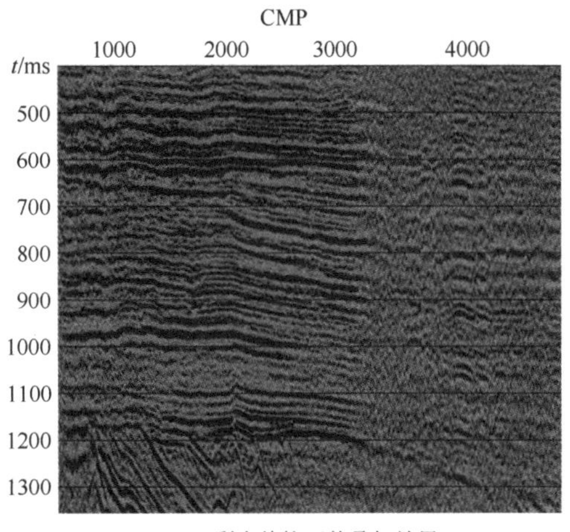

(a) 剩余静校正前叠加效果

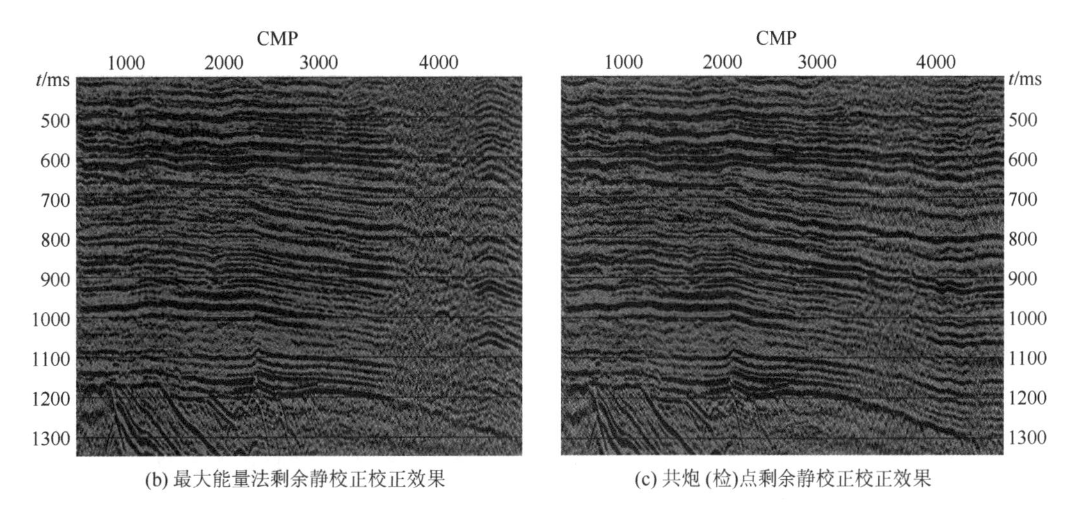

(b) 最大能量法剩余静校正校正效果　　(c) 共炮 (检)点剩余静校正校正效果

图 3-18　不同静校正方法校正前后共中心点道集叠加剖

共地面点剩余静校正方法需要注意的问题：

（1）当反射界面不是水平，且较复杂时，那么构造项对于共炮点（检波点）道集叠加的模型道影响很大，此时的模型道包含了该道集中每道的构造项之和，已经不能代表只含有炮点（检波点）校正量的标准道了。但是，我们可以在选择计算时窗时，手动从 CMP 叠后剖面上拾取反射层，这样就可以较好地解决构造项对模型道的影响。

（2）对于共炮点道集或共检波点道集中的地震道，若炮检距过大，则剩余动校正量的影响会比较严重，这也会影响模型道的准确性，所以，在构建模型道时应该限制炮检距的范围，从而减小动校正速度的影响。

3.5.2　共炮检距剩余静校正方法

对于多次覆盖地震记录，共炮点域、共接收点域、共中心点域或共炮检距域地震数据进行时移分析都能估算剩余静校正量。前面已经介绍了共中心点域、共炮（检）点域反射波静校正方法，同样，共炮检距剩余静校正方法也是建立在基本旅行时方程的基础之上的。相邻的共炮检距道的反射时间可以用式（3-39）表示：

$$T_{ijkh} = G_{kh} + S_i + R_j + M_{kh}X_{ij}^2 + D_{kh}Y_{ij} + N \tag{3-39}$$

$$T_{i+1j+1k+1h+1} = G_{k+1h} + S_{i+1} + R_{j+1} + M_{k+1h}X_{i+1j+1}^2 + D_{k+1h}Y_{i+1j+1} + N \tag{3-40}$$

式中，i，j，k 和 h——分别为炮点、接收点、CMP 和层序号。

式（3-39）和式（3-40）中隐含着这样的假设，炮点和接收点同时移动一个地面点后炮检距不变。其他符号在第一节中有定义。

比较式（3-39）和式（3-40）的时间差可以估算出炮点和接收点的剩余静校正量的差值、构造分量差值（因为炮点、检波点 CMP 平面是不同的）和噪声项。假定在两个 CMP 点之间相对于某一给定的参考炮检距的剩余动校正时差没有变换，则剩余动校正时差是相同的。实际上两个 CMP 点的剩余动校正时差可以有一些较小的时移，但多半可以忽略。一般来说，构造分量可以通过在叠加剖面上沿层选取时窗来消除，炮点和检波点的剩余静校正量看作随机分布且均值为零，利用共中心点和类似的相关分离方法可以从时移中分离出剩余静校正量。

3.6 非地表一致性反射波静校正

目前，解决非地表一致性剩余静校正的方法可以看成对常规地表一致性剩余静校正方法的改进，主要有以下两种方法：

第一种是按照时间、炮检距和炮点-检波点方位角分段静校正。由于分段后各段的炮点或者接收点覆盖次数比地表一致性方法低，所以分段静校正方法要求地震数据具有较高的信噪比。在各段数据内估算静校正量仍基于常规的地表一致性方法。

第二种称为 Trim（平滑）静校正。这类静校正方法可按照时变的方式进行时差的计算和应用，其目的是改善 CMP 道集的叠加响应，且与近地表无直接关系。时移是通过拾取单道与模型道的互相关得到的，有时模型道可以用若干个 CMP 叠加道构建，特别是当资料信噪比较低时。然后对拾取的时移不进行任何处理就直接应用到道集中，和地表一致性分解方法相比，没经过平均化处理的时移量容易受到噪声影响产生虚假构造。因此，应用 Trim 静校正后，一定要对叠加结果进行质量控制以确保没有明显的构造改变，一种有效的检查手段是检验分析时窗内、外叠加数据的连续性是否有所改善。如果时移量小，只占有效信号主周期的一小部分时，Trim 算法比较适用，因此，通常在使用 Trim 静校正时需要采用大的互相关分析时窗，并且把最大容许时移限制为一个小量，即在“大时窗小时移量”的条件约束下不会产生虚假构造，能进一步解决短波长静校正问题。目前大多数常规处理中，都应用 Trim 静校正对最终的叠加剖面进行处理，以消除非地表一致性剩余静校正，改善叠加剖面成像效果。

在本书第 5 章中，将详细介绍目前地表一致性假设对静校正造成的影响，并详细介绍波场延拓静校正方法。

3.7　小　　结

反射波剩余静校正对地震记录成像质量有着很关键的作用，目前使用较多的反射波剩余静校正方法都是基于最大能量法或者最大能量准则进行计算的，经过反射波剩余静校正处理后，地震记录同相轴叠加质量明显提升，大大降低了后期资料解释的难度。生产中使用的反射波剩余静校正方法以地表一致性静校正方法为主，在较符合地表一致性假设的地区，可以获得较好的处理效果。但是由于动校正速度误差或者不符合地表一致性假设等原因造成的非一致性剩余静校正量，只能通过 Trim 静校正进行处理，需要注意的是 Trim 静校正方法计算的静校正量不易过大，否则会造成计算结果不理想的情况出现。在反射波剩余静校正中，低信噪比资料的大剩余静校正量计算是一个难题，在此类计算中模型道质量较差，并且计算容易产生“窜相位”现象，本章也对这些问题及解决办法进行了一定的探讨。反射波剩余静校正问题可以归结为全局最优化问题，随着全局最优化理论和计算机运算性能的提高，反射波剩余静校正问题将会得到更好的解决。

第4章　转换波静校正

波动理论的一个重要结果是波在界面会出现转换（波型变换）现象：在纵波倾斜地入射到界面时，反射和透射过程中同时会产生横波，这种横波称作P-SV转换波。随着多分量地震采集技术的发展，由于转换波相对于纯横波具有易于激发，利用纵波震源能同时激发纵波和转换波，费用增加少，比纯横波吸收损失减半以及频率相对于纯横波较高，可与常规P波数据同时采集等特点，使转换波勘探成为多波多分量地震勘探的主体。转换波的传播特点使转换波静校正比纵波静校正更加复杂。转换波静校正问题是世界上公认的陆上转换波地震勘探的难点。

对于P波和SV波来说，近地表低速层厚度是不同的，P波的近地表低速层边界常常是潜水面。但对SV波却不一定，因为SV波不受孔隙流体影响，它的近地表低速层往往延伸至潜水面以下。由于近地表横波速度低、变化大，近地表横波速度变化对反射横波传播的影响要比近地表纵波速度变化对反射纵波传播的影响大，SV波静校正量通常大于相同位置P波静校正量的2～10倍，这与浅层的纵横波速度比值变化有关。由于这些异常大的速度比，SV波静校正量难以可靠地估计。因此，在转换波资料处理中，横波静校正的问题非常突出。

P-SV波的静校正量是由震源点处的P波静校正和接收点处的SV波静校正组成。前者不需要专门讨论了，它们与常规的P波静校正量相同；对于后者，前人提出了很多方法。如Armin和Schafter（1991）提出的转换波折射静校正方法，该方法使用横波折射波建立横波的表层速度与厚度模型，然后按标准的折射波处理步骤计算横波的静校正量，它要求有可供拾取的纵横波折射初至，得到的解主要是长波长静校正量；Cary和Eaton（1993）提出利用共接收点叠加道相干法来初步确定短波长的较大的静校正量，该法适用于构造平缓地区，求出的是接收点的静校正量；姚姚（1991）提出利用$\tau-p$变换法对折射横波（或反射横波）拾取“初始剩余静校正量”；唐建侯和张金山（1994）提出用优化共接收点叠加道相干确定大静校正量，用井旁参考道外推法求剩余静校正量的分步消去静校正量的方法，它要求有比较准确的参考道，适用于信噪比低但静校正量大的地区。Dok等（2001）提出的P波拉伸匹配P-SV波互相关法计算接收点的静校正，该法用于求取长波长静校正量；在2002年SEG年会上，李彦鹏提出的应用多分量地震数据在同一接收点根据X分量和Z分量的初至时间不同计算接收点的静校正。

4.1　转换波共检波点叠加道相关法

效果较好的转换波静校正方法是Cary和Eaton（1993）提出的共检波点叠加道相关算法。该方法认为：炮点的静校正量可以通过常规的纵波静校正算法获得，应用炮点静校正量后共检波点道集中每道的静校正剩余量相同，均为对应检波点的静校正量；在经过炮点静校正后的共检波点道集中对每道数据进行动校正后叠加。每个共检波点道集得到的叠加道，体现了对应检波点的转换波静校正量。如果认为反射界面水平，那么各叠加道和标准道相关就可以求出对应检波点的静校正量。这就是转换波共检波点叠加道相关法的主要思想。郭桂红等（2003），马昭军等（2007），潘树林（2008）等对共接收点相干算法做出了改进。

4.1.1　共接收点道集相干法算法原理

根据地表一致性条件，任意一道转换波总的静校正量都可分解为 4 部分：

$$t_{ij} = s_i + g_j + c_k h_{ij}^2 + y_k \tag{4-1}$$

式中，s_i——i 位置炮点纵波静校正量；

g_j——j 位置检波点横波静校正量；

c_k——共中心点 k 位置剩余正常时差，它随炮检距 h 的平方而变化；

y_k——由于构造引起的静校正误差值。

炮点静校正量 s_i 采用 P 波的常规方法求取。

检波点 g_j 的静校正量利用转换波共接收点叠加剖面相关来求得。根据地表一致性假设条件，在构造平缓的情况下，检波点产生的静校正量远大于动校正的剩余时差和地层倾斜产生的静校正误差之和。即

$$g_j \gg c_k h_{ij}^2 + y_k \tag{4-2}$$

因此，经炮点使用纵波静校正量静校正后有

$$t_{ij} \approx g_i \tag{4-3}$$

那么每一道的静校正量 g_i 等于 $P_j(t) \otimes G_j(t)$ 最大时的时移量 τ，即

$$g_j = \tau\{\max[P_j(t) \otimes G_j(t)]\} \tag{4-4}$$

满足式（4-4）的 g_i 为第 j 个接收点的静校正量，$G_j(t)$ 为第 j 个共接收点（CRP）的叠加道。$\otimes$ 代表相关，$P_j(t)$ 为参考道，且

$$P_j(t) = \sum_{k=j-n+1}^{j} G_k(t + g_k) \tag{4-5}$$

式中，n——参考道的叠加道数。

该方法在反射界面水平、资料信噪比高的时候效果很好，在界面构造复杂或者信噪比较低的情况下，难以取得好的效果。该方法提出后，国内外不少专家学者针对不同情况提出了一些解决方案，也取得了一些效果，但是大部分资料的效果不理想。针对原算法存在的问题，通过一系列试验和系统地分析，提出了以下改进算法。

4.1.2　改进的共接收点叠加道集相干法

原方法在实际资料处理中遇到的问题主要有两个：①资料信噪比低时，直接进行相关

运算难以取得真解。②反射界面复杂，不是简单的水平界面，计算失败。针对这些问题，在实现该算法的时候，可以使用以下步骤进行处理。为了克服第一个问题，首先根据纵波静校正量估算转换波静校正量，缩小未知静较量的求解范围。然后，选取信噪比较高的时窗进行处理。在处理时，不再使用原相关算法而是采用全局最优化算法，具体算法在下文进行讨论。针对第二个问题，采用纵波处理结果对求取的转换波静校正量进行构造改正。使用纵波资料进行构造改正使该方法可以应用到构造较复杂的地区。

改进算法可以按照以下步骤进行处理：

（1）根据纵波静校正量估算转换波静校正量。

（2）选取信噪比较高的时窗。

（3）在时窗内使用全局最优化算法求取“静校正量”。

（4）根据纵波处理结果对“静校正量”进行构造改正，获得真解。

4.1.2.1 估算静校正量

转换波静校正量大于同一物理点纵波静校正量的2～10倍。转换波静校正量大，在进行全局最优化计算时容易产生周期跳跃，造成静校正量计算不正确。如果可以在一定范围内求取一个估计值，则可以大大减小计算误差。转换波资料一般同纵波资料一起采集，因此对应同一接收点可以分别求取纵波和转换波静校正量。在计算转换波静校正量时，假定纵波静校正量已知。

假设下式成立：

$$\left|t_{ij}\right| > \left|t_{ij}^{l}\right| = \left|t_{ij}^{\mathrm{P}}\right| \times \frac{v_{\mathrm{P}}}{v_{\mathrm{S}}} \tag{4-6}$$

式中，$\left|t_{ij}\right|$——某检波点实际横波静校正量绝对值；

$\left|t_{ij}^{l}\right|$——该检波点处估算的横波静校正量绝对值，就是根据纵横波波速比$\frac{v_{\mathrm{P}}}{v_{\mathrm{S}}}$和该点处纵波静校量绝对值$\left|t_{ij}^{\mathrm{P}}\right|$求取的静校正量。纵横波波速比即泊松比，采用一般岩石的泊松比$\sqrt{3}=1.73$。即估算的转换波静校正量为$\left|t_{ij}^{l}\right| = \left|t_{ij}^{\mathrm{P}}\right| \times 1.73$。

通过式（4-6)，我们可以计算出检波点转换波的部分静校正量，将未知校正量的范围缩小。综合考虑纵波高程静校正量和剩余静校正量，可以估算出较为合理的转换波静校正量。早期的横波和转换波静校正曾广泛采用这种思路进行处理。

4.1.2.2 在最优时窗内进行处理

资料的信噪比对进行静校正计算有较大的影响。选择一个合适的，也就是信噪比较高的时窗进行计算，是计算结果得以保证的基础。在叠加记录中，信噪比高的时窗可以认为就是包含最强同相轴并且干扰最少的时窗，这种时窗可以称为最优时窗。

根据地表一致性假设，认为静校正量对地下各个层位的影响是相同的。因此，如果选择最优时窗进行处理，和选择全时窗处理应该可以得到相同的静校正量。使用最优时窗，不仅仅减少了计算量，更重要的是可以减少噪声对计算的影响，更加准确地求取结果。在进行时窗选取时，可以通过两种方式进行最优时窗的确定：第一种，通过肉眼观察，选择同相轴能量最强、噪声能量最小的时窗；第二种，通过给定时窗长度，在剖面上自由滑动时窗并计算各个时窗内的信噪比，通过比较各信噪比值的大小来确定最优时窗。

信噪比的计算方法较多，这里采用李庆忠（1994）提出的计算方法：

设地震记录道为 $x_i(t)=s_i(t)+n_{i(t)}(i=1,2,\cdots,N)$，共有 N 道，其对应的傅里叶变换为 $x_i(f)$，利用相临地震道中信号相关而噪声不相关的原理可以得出，地震记录道的平均功率谱为

$$\bar{P}x(f)=\frac{1}{2N}\left[\left|x_1(f)\right|^2+\sum_{i=1}^{N-1}Px_{i,i+1}(f)+\left|x_N(f)\right|^2\right] \tag{4-7}$$

信号的功率谱为

$$\bar{P}s(f)=\frac{1}{2N-1}\sum_{i=1}^{N-1}Ps_{i,i+1}(f) \tag{4-8}$$

其中，

$$Ps_{i,i+1}=x_i(f)\overline{x_{i+1}(f)}+\overline{x_i(f)}x_{i+1}(f)$$

$$Px_{i,i+1}=\left|x_i(f)\right|^2+\left|x_{i+1}(f)\right|^2$$

式中 $\overline{x(f)}$ 是 $x(f)$ 的共轭，则噪声的平均功率谱为

$$\bar{P}n(f)=\bar{P}x(f)-\bar{P}s(f) \tag{4-9}$$

则分析区域的信噪比为

$$\frac{\sum\bar{P}s(f)}{\sum\bar{P}n(f)} \tag{4-10}$$

4.1.2.3 最优化算法求取初始静校正量

共检波点叠加道相关算法的计算思想为统计相关法。通过各道记录与该道集的叠加道的互相关即可求得各地震道的静校正量。这种方法的不足是：当地震数据的信噪比较低、剩余静校正量较大时，叠加模型道越来越不像道集内的各记录道，由此导致的串相位现象（即周波跳跃）也就在所难免了。

在共检波点叠加道集中求取各道的静校正量的问题与在常规纵波共中心点道集中求取剩余静校正量的问题相似。纵波共中心点道集中求取静校正量的方法，已经有很多专家学者进行了深入的研究，其计算静校正量的问题可以归结为在道集中求取各个道的静校正量使叠加剖面的叠加能量最大。

设每道的静校正量为 $S=\{s_j\}$，$E[S]$ 表示叠加能量，$d_{yh}(t)$ 表示在共检波点 y 和偏移

距 h 处的动校正后的地震道，在 P-SV 转换波共检波点道集中如果炮点静校正量已经解决，那么每道的静校正量都相同，均为该道集对应检波点的转换波静校正量。$d_y(t)$ 表示共检波点 y 对应的共检波点道集经过炮点静校正后叠加形成的叠加道。显然，计算最佳检波点静校正就是求解下面的最优化问题：

$$\max_{[S]} E[S] \tag{4-11}$$

其中，

$$E[S]=\sum_{y}\sum_{t}\{d_y[t+s_i(y)]\}^2 \tag{4-12}$$

根据以上的讨论，可以知道：剩余静校正问题从本质上说是一个非线性的，具有多参数、多极值的全局优化问题。Ronen（1985）提出的最大能量法，Chen（1991）提出的模糊剩余静校正，程金星等（1996）提出的 CMP 道间互相关 Lapacian 算子及 DFP 算法联合迭代反演法，虽然均属于全局寻优的方法，也用到了迭代处理技术，但无一例外都容易陷入局部极值的陷阱。对于求取剩余静校正量这种非线性的，多参数、多极值的大规模组合优化问题，必须采用随机性全局优化方法求解。成都理工大学山区物探研究室数年来在全局寻优和静校正方法研究领域做过许多工作，取得了不少进展。在周熙襄、钟本善提出的思想的基础上，尹成和周熙襄（1997）完善了遗传退火混合算法，利用遗传算法演化过程来逼近模拟退火迭代中温度的准平衡状态，以此来改善算法的局部收敛能力；尹成等（1997）提出了综合并行遗传算法，缓解了遗传算法的早熟收敛现象；尹成和周熙襄（1998）实现了基于热槽法的回火退火算法，增强了热槽法的全局搜索能力，降低了算法对温度的灵敏性；林依华（2000）研究了遗传算法中 GA 欺骗问题，在其生存策略中引入 Boltzmann 生存机制，即在搜索中以一定概率接收较差的解；林依华（2000）研究了迭代过程中的零空间现象，提出了解决方法，同时提出了一种综合快速全局寻优算法，将局部收敛能力强的最大能量法和模拟退火、遗传算法相结合，较大地提高了全局优化的收敛能力和收敛速度；李辉峰等（2006）将禁忌算法（TS）、遗传算法（GA）、模拟退火算法（SA）的优势进行结合，提出了 TSGASA 综合全局快速寻优算法，大大解决了在低信噪比条件下全局最优的稳定收敛。

但是由于共检波点叠加道相关算法的理论基础是假设反射界面水平，因此造成了不管采用什么算法计算静校正量，得到的结果都无法克服构造的影响。要更好地解决转换波的静校正问题，必须考虑构造对结果的影响并进行修正。

4.1.2.4 根据纵波处理结果对静校正量进行修正

共接收点道集相干法，假设构造平缓，认为检波点产生的静校正量远大于动校正的剩余时差和地层倾斜产生的静校正之和。即

$$g_j \gg c_k h_{ij}^2 + y_k$$

但是实际情况往往是地下界面存在倾角或者起伏。当倾角或者起伏达到一定程度，上

式不成立。在这种情况下求得的静校正量是实际静校正量 g_j 和地层倾斜产生的静校量 y_k 之和。因此，基于地下界面水平假设的共接收点道集相干法在使用条件上受到很大限制。

在复杂反射层中，地层倾角静校正量 y_k 不能忽略。式（4-1）不能够推出式（4-3）的结论。此时，根据式（4-4）计算得到的 g_i 里面包含了地层构造静校量 y_k 。即

$$t_{ij} \approx g_i - y_k \tag{4-13}$$

因此，如果可以把构造影响 y_k 求出来，然后从求取得的结果中减去这个影响，就可以解决静校正问题。

单纯依靠转换波资料是很难求取地层倾角对静校正量影响的。考虑到在转换波资料处理时，纵波资料处理一般已经完成，因此通过在纵波叠加剖面上拾取地下层位的办法来求取地层倾角产生的静校正量 y_k 。

在这里有一个悖论，就是要求出转换波的静校正量，必须先得到地下构造的信息，而计算静校正量的目的就是要求出地下构造。纵波和转换波叠加剖面对地下信息的反映会有所不同，这主要反映在转换波资料会对液体和气体介质有敏感的反映；固体介质下纵波和转换波资料的反映应该相同。这里提到的构造，指的是纵波和转换波资料都有反映的固体介质构造。当选择了这种构造后，需要解决的问题变为如何使纵波叠加剖面下的构造能够正确的反映到转换波叠加剖面上。当然，在实际数据的处理中，要想精确地做到这一点是相当困难的，能够做到纵波资料和转换波资料的匹配，就已经基本解决了转换波的处理问题。因此，在解决实际转换波资料的静校正问题时，首先通过对比纵波叠加剖面和转换波叠加剖面，确定对应的同一层位。然后拾取纵波中对应的层位，以该层位的走向、大体构造形状标定出转换波叠加剖面中同一构造的理想构造。最后，根据这一理想构造对前面求取的转换波静校正量进行修正。

4.1.3 理论数据试验

为了验证方法的有效性，建立了一个地层存在倾角的模型进行验证。模型如图 4-1 所示。

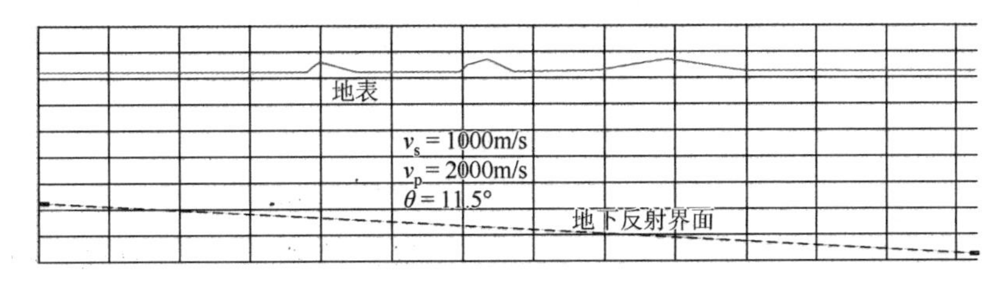

图 4-1 正演模型

通过正演得到图 4-1 模型对应的地震记录，按照前面叙述的方法对地震记录进行处理。处理流程如下：

（1）抽取共检波点道集，进行共检波点叠加。

（2）利用已知纵波叠加剖面，确定某层构造形状（本书已知模型，可以直接得到地下构造形状）。

（3）按照共检波点叠加道相干法获得某个检波点对应的“静校正量”（包含地层倾角影响）。

（4）根据第（2）步得到的地下构造信息和第（3）步求取的“静校正量”计算各检波点的实际静校正量。

可以明显地看出，图 4-2 共检波点叠加剖面由于没有进行检波点静校正，得到的叠加信息是地表和地下反射界面的复合信息。只有确定出地下界面的影响才可以利用相干的方法解决静校正问题。

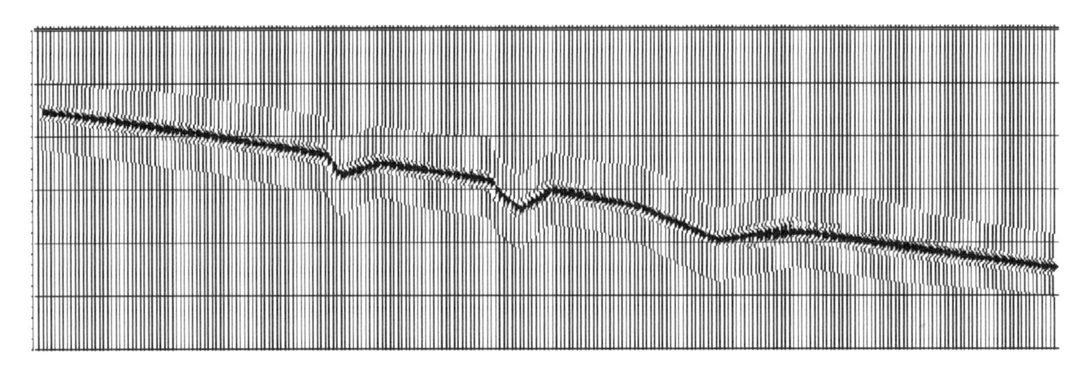

图 4-2 仅进行炮点静校正量得到的共检波点转换波时间剖面

图 4-3 是基于地下界面水平假设的相干法及本书提出的方法求取静校正量和实际静校正量的对比曲线，从图 4-3 曲线中可以很明显地看出，原相干法由于忽略了地下构造的影响，把地下倾角的影响也记入了计算静校量，造成了方法的失败。本书方法由于考虑了地下构造的影响，并把这一部分影响予以消除，求取了较为准确的静校正量。图 4-4 为经过本方法静校后的共检波点叠加剖面。

对比图 4-4 和图 4-5，可以看出：由于原来的共检波点叠加道相干法是建立在地下界面水平的假设条件下的，因此仅对水平反射层有较好的效果。而本方法在考虑了地下构造形状的前提下，使用相干进行静校正量的求取，结合纵波叠加剖面，在共检波点初叠剖面上选择最优时窗进行相干处理，解决了复杂地下构造情况下的静校正问题。

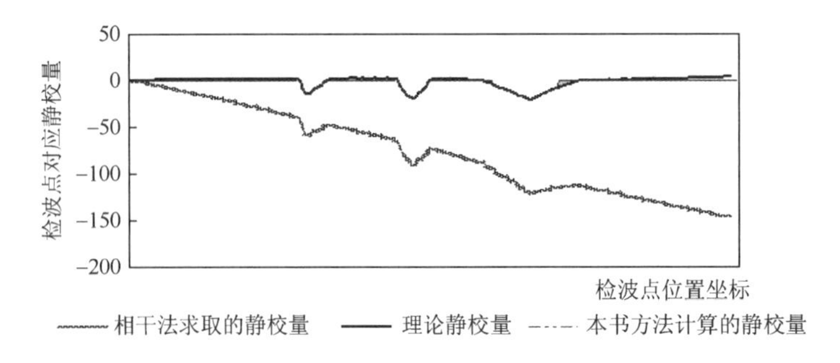

图 4-3 根据本书方法和原相干法求取的静校正量和理论实际校正量对比曲线

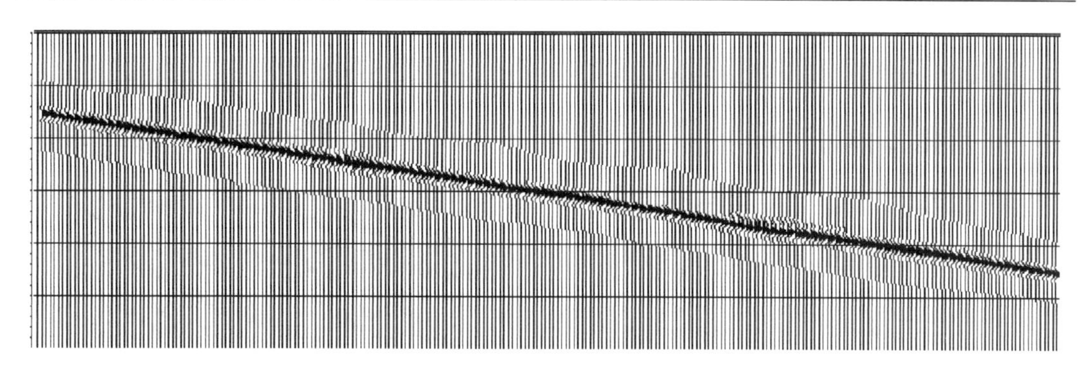

图4-4 使用本书方法进行静校后得到的共检波点叠加剖面

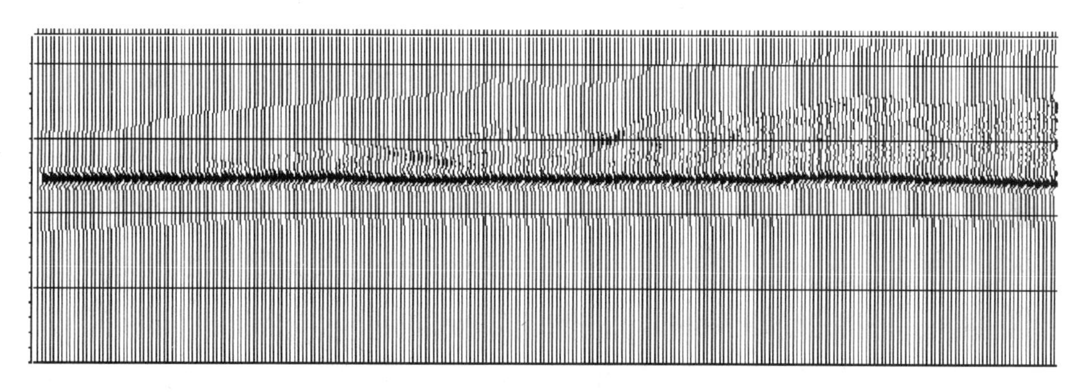

图4-5 使用原相干法进行静校后得到的共检波点叠加剖面

4.2 转换波初至及拾取方法研究

利用初至波进行静校正对沙漠、山地等地区的资料处理有着重要的意义。当利用常规方法不能获得静校正量时，通过信噪比相对较高的初至波可以提取地表表层速度和厚度信息，进一步计算得到炮点和检波点的静校正量。国内外对转换波初至的研究较少，目前还没有特别有效的转换波拾取算法应用于生产实践中。近几年，国内学者杨海申等（2006）、李彦鹏等（2012）提出了利用转换波与纵波初至的互相关函数叠加结果来推测转换波初至位置的算法，为转换波初至拾取方法提供了新的思路。潘树林（2008）提出了转换波初至叠加法，并在苏里格和宣汉地区的转换波资料中获得了较好的静校正效果。

这种算法在转换波初至特别清晰的时候，可以大体上确定出转换波初至的位置，在这个大体位置附近使用手工拾取精确的转换波初至。该算法在李彦鹏等（2012）的延迟时时差法中得到了较好的应用。但是当资料信噪比较低或者转换波初至不很清晰的时候，使用这种算法将无法获取满意的效果。图4-6和图4-7是使用这种算法对不同资料进行拾取的结果。

从图4-6可以看出，资料质量较好的时候，该方法效果可以接受。但是，如图4-7所示，当资料转换波初至不易识别时，使用这种算法根本无法确定转换波初至的大体位置，更无法拾取转换波初至。

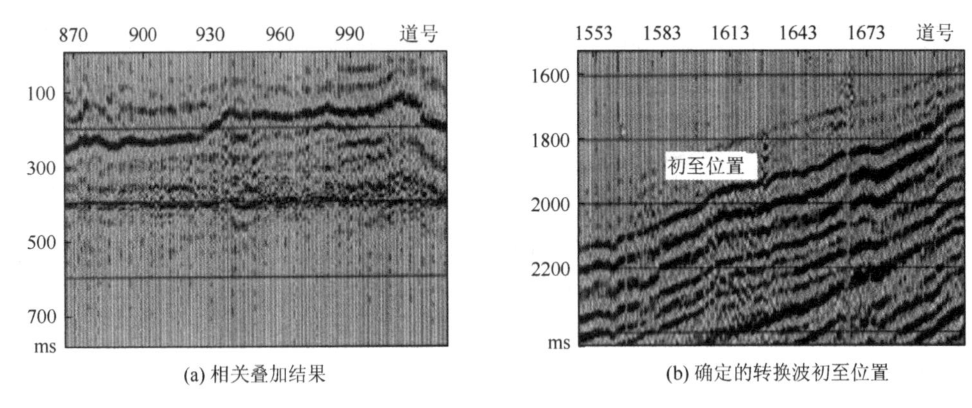

(a) 相关叠加结果　　(b) 确定的转换波初至位置

图 4-6　转换波初至质量好的记录拾取结果（李彦鹏，2006）

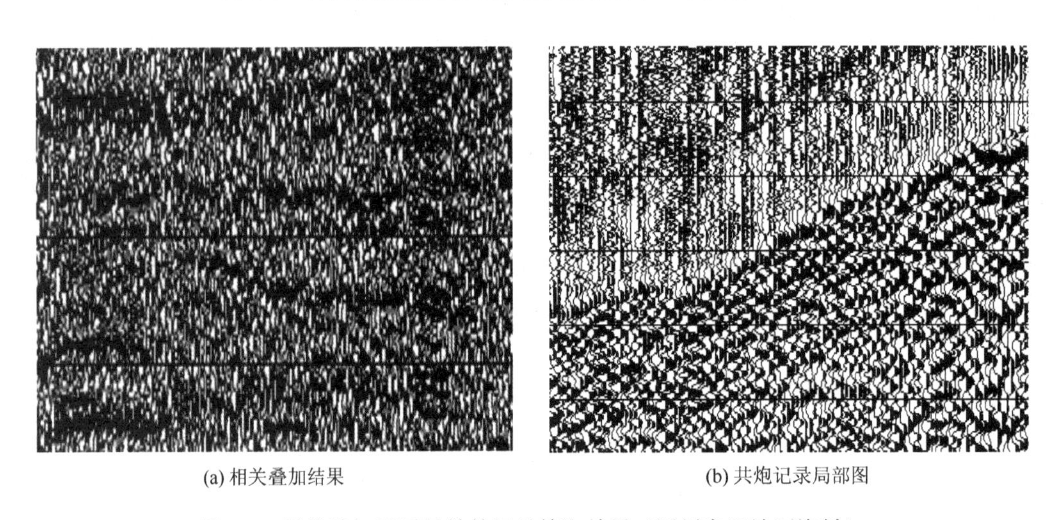

(a) 相关叠加结果　　(b) 共炮记录局部图

图 4-7　转换波初至质量差的记录拾取结果（四川宣汉地区资料）

通过对相关叠加法的分析可以得出如下结论：这种算法要求有容易识别的转换波初至，当转换波初至容易识别时，效果较好；转换波初至不易识别时，无法拾取转换波初至。

在实际转换波资料的处理中，更多的是信噪比较低，初至不易识别的记录，这些资料使用相关法都难以取得好的效果，这就要求有更加有效的转换波初至拾取方法出现。

通过实际资料的分析可知：要正确的拾取转换波初至必须首先识别出转换波初至。识别转换波初至必须了解转换波初至的传播特点，找到其在实际记录中的存在规律。下面通过转换波的折射波时距方程的推导来总结转换波初至的特点。

4.2.1　转换波的折射时距方程

P-SV 转换波在传播的时候是以 P 波入射而出射为 SV 波，因此其入射和出射路径不再对称，其折射时距方程和纵波折射时距方程不再相同。由于实际接收时，射线出射路径和检波器有一定的夹角，使得各个分量的记录中会有其他分量记录混杂其中。其中，又以 P-SV 转换波记录中混杂的 P 波分量尤为突出。因此，在讨论 P-SV 转换波折射波的时候，应该同时分析纵波折射波的传播特征。P-SV 转换波折射波由多种成分组成，如无特殊说明，本书所述转换波折射波为 P 波入射，P 波滑行，SV 波出射的折射波。潘树林（2008）推导了在不同模型下纵波折射波和 P-SV 转换波折射波的时距方程。

4.2.1.1　折射界面水平的转换波折射波时距方程

图 4-8 为单层水平模型纵波折射和 P-SV 转换波折射路径示意图，根据此图，推导纵波和转换波折射波时距方程如下。为了分析方便，本章推导折射时距方程所设立的模型均不存在速度横向变化，且纵波和转换波折射界面相同。

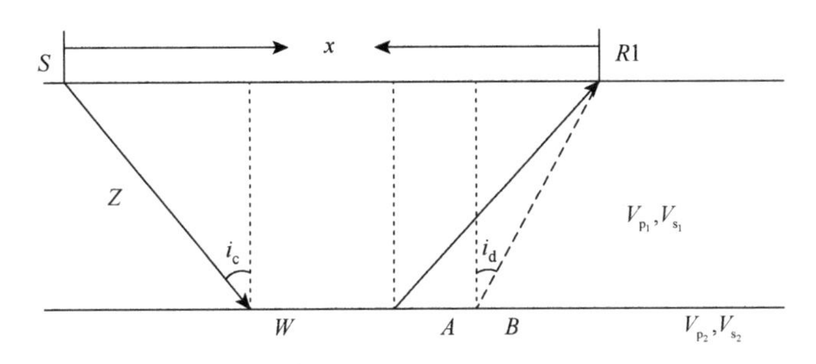

图 4-8　转换波初至传播路径图，黑色实线为纵波传播路径，黑色虚线为横波传播路径（一层模型假纵波和横波折射界面相同）

1. 水平单层纵波折射时距曲线

如图 4-8 所示，当波以临界角 i_c 入射到水平折射层上时，折射 P 波以 $i=i_c$ 角返回地面 $R1$ 点处。设 S 波到 $R1$ 的地面距离为 x，沿射线 SWAR1 的折射波旅行时间为 t，可以推导出纵波折射波的时距方程。推导如下：

$$t = SW/V_{p_1} + WA/V_{p_2} + AR1/V_{p_1} = 2\times SW/V_{p_1} + WA/V_{p_2} \tag{4-14}$$

由图 4-8 中简单的几何关系可见：

$$\begin{aligned} WA &= x - 2Z\text{tg}i_c \\ SW &= Z/\cos i_c \end{aligned} \tag{4-15}$$

所以

$$\begin{aligned} t &= (x - 2Z\text{tg}i_c)/V_{p_2} + 2Z/(V_{p_1}\cos i_c) \\ &= x/V_{p_2} - (2Z\sin i_c)/(V_{p_2}\cos i_c) + 2Z/(V_{p_1}\cos i_c) \end{aligned} \tag{4-16}$$

由于

$$V_{p_2} = V_{p_1}/\sin i_c \tag{4-17}$$

故有

$$t = x/V_{p_2} + (2Z\cos i_c)/V_{p_1} \tag{4-18}$$

分析式（4-18）可知，t 和 x 是线性关系，因此折射波时距曲线在一个水平界面情况下是一条直线。直线的斜率是 $1/V_{p_2}$。

在 $x=0$ 处的截距时间：

$$t_{01}=(2Z\cos i)/V_{p_1}$$

于是式（4-18）亦可写成

$$t=x/V_{p_2}+t_{01} \tag{4-19}$$

由式（4-19）可知，折射层波速 V_{p_2} 越高，则折射波时距曲线的斜率越小，直线显得越平缓，反之，则越陡倾。

2. 水平单层转换波折射时距曲线

和纵波折射波的传播不同，转换波折射波的传播路径不存在入射路径和出射路径的对称。如图 4-8 所示，当波以临界角 i_c 入射到水平折射层上时，折射 P 波以 $i=i_d$ 角返回地面 $R1$ 点处。设 S 到 $R1$ 的地面距离为 x，沿射线 SWAR1 的折射波旅行时间为 t，可以推导出纵波折射波的时距方程。这里研究的转换波折射波以纵波入射，以纵波在折射界面滑行，然后以横波出射到地面点。推导如下：

$$t=SW/V_{p_1}+WB/V_{p_2}+BR1/V_{s_1} \tag{4-20}$$

由简单的几何关系可见：

$$\begin{aligned}WB&=x-Z(\mathrm{tg}i_c+\mathrm{tg}i_d)\\SW&=Z/\cos i_c\\BR1&=Z/\cos i_d\end{aligned} \tag{4-21}$$

将式（4-21）带入式（4-20）可得

$$t=Z/(V_{p_1}\cos i_c)+x/V_{p_2}-Z(\mathrm{tg}i_c+\mathrm{tg}i_d)/V_{p_2}+Z/(V_{s_1}\cos i_c) \tag{4-22}$$

由于

$$V_{p_2}=V_{p_1}/\sin i_c=V_{s_1}/\sin i_d \tag{4-23}$$

将式（4-23）代入式（4-22）化简可得

$$t=\frac{x}{V_{p_2}}+\left(\frac{\sin i_c\mathrm{ctg}i_c+\cos i_c}{V_{p_1}}\right)Z \tag{4-24}$$

分析式（4-24）可知，t 和 x 是线性关系，因此折射波时距曲线在一个水平界面情况下是一条直线。直线的斜率是 $1/V_{p_2}$。

在 $x=0$ 处的截距时间：

$$t_{02}=\left(\frac{\sin i_c\mathrm{ctg}i_c+\cos i_c}{V_{p_1}}\right)Z$$

于是式（4-24）也可写成：

$$t=x/V_{p_2}+t_{02} \tag{4-25}$$

图 4-9 为图 4-8 所示模型的纵波和转换波折射波时距曲线的关系图。由图 4-9 可知，在单层水平界面下，P-SV 转换波折射时距曲线方程和纵波折射时距曲线方程在形式上相同，唯一不同的是在 $x=0$ 处的截距时间。对比在单层水平界面下纵波和转换波的折射波时距曲线方程，可以发现两个方程具有同样的斜率 $1/V_{\mathrm{p}_2}$，也就是说，在这种条件下，两条直线是平行的。

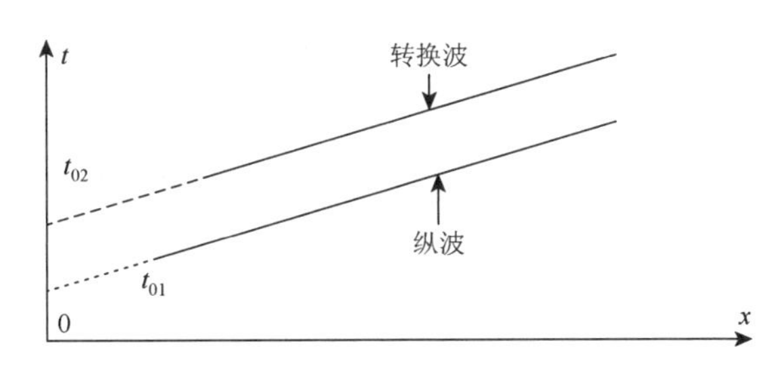

图 4-9　水平单层纵波和转换波折射波时距曲线
（t_{01}，t_{02} 分别为其截距时间）

3. 多个水平层下纵波和转换波折射波的时距曲线

两个水平层折射波模型可由图 4-10 表示，图中给出了三个速度层，存在着两个水平折射面，其中 $V_{\mathrm{p}_3}>V_{\mathrm{p}_2}>V_{\mathrm{p}_1}$，$V_{\mathrm{s}_3}>V_{\mathrm{s}_2}>V_{\mathrm{s}_1}$。前面讨论一个水平界面的方法可以推广到多层介质情况。对于两个折射界面而言，根据斯奈尔定理，折射路径 *SWCDAR*1 和折射路径 *SWCEBR*1 遵循：

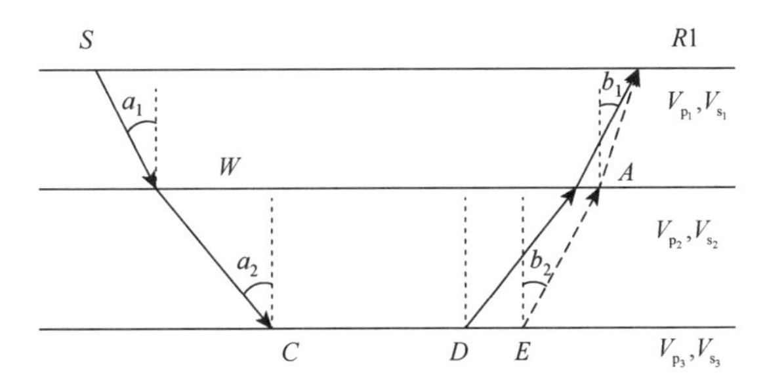

图 4-10　转换波初至传播路径图，实线为纵波传播路径，虚线为横波传播路径
（两层模型假纵波和横波折射界面相同）

$$\begin{cases}\sin i_{\mathrm{a1}}/V_{\mathrm{p}_1}=\sin i_{\mathrm{a2}}/V_{\mathrm{p}_2}=1/V_{\mathrm{p}_3}\\ \sin i_{\mathrm{b1}}/V_{\mathrm{s}_1}=\sin i_{\mathrm{b2}}/V_{\mathrm{s}_2}=1/V_{\mathrm{p}_3}\end{cases}\tag{4-26}$$

式（4-26）中，i_{a2}、i_{b2} 是对应的下层纵波和转换波的临界角，i_{a1}、i_{b1} 则小于最上层的临界角。纵波和转换波对应路径的传播时间推导如下。

设 S 到 *R*1 的地面距离为 *x*，射线 *SWCDAR*1 为纵波折射波传播路径，其旅行时间记为 t_{p}，射线 *SWCEBR*1 为转换波折射传播路径，其旅行时间记为 $t_{\text{p-sv}}$。可以推导出纵波折射波的时距方程。推导如下：

$$\begin{aligned} t_{\mathrm{p}} &= SW/V_{\mathrm{p}_1} + WC/V_{\mathrm{p}_2} + CD/V_{\mathrm{p}_3} + DA/V_{\mathrm{p}_2} + AR1/V_{\mathrm{p}_1} \\ &= 2SW/V_{\mathrm{p}_1} + 2WC/V_{\mathrm{p}_2} + CD/V_{\mathrm{p}_3} \end{aligned} \tag{4-27}$$

由图 4-10 中几何关系可得

$$\begin{aligned} CD &= x - 2(Z_1 \mathrm{tg} i_{\mathrm{a}1} + Z_2 \mathrm{tg} i_{\mathrm{a}2}) \\ SW &= Z_1 \cos i_{\mathrm{a}1} \\ WC &= Z_2 \cos i_{\mathrm{a}2} \end{aligned} \tag{4-28}$$

将式（4-28）代入式（4-27），化简可得

$$t_{\mathrm{p}} = x/V_{\mathrm{p}_3} + 2Z_2 \cos i_{\mathrm{a}2}/V_{\mathrm{p}_2} + 2Z_1 \cos i_{\mathrm{a}1}/V_{\mathrm{p}_1} \tag{4-29}$$

式中，Z_1, Z_2——两个折射层的厚度。

可以把式（4-29）推广到 n 层：

$$t_{\mathrm{p}} = x/V_{\mathrm{p}_n} + \sum_{k=1}^{n-1} \frac{2Z_k \cos i_{ak}}{V_{\mathrm{p}_k}} \tag{4-30}$$

令

$$t_0 k = \sum_{k=1}^{n-1} \frac{2Z_k \cos i_{ak}}{V_{\mathrm{p}_k}} \tag{4-31}$$

则式（4-30）可写为

$$t_{\mathrm{p}} = x/V_{\mathrm{p}_n} + t_0 k \tag{4-32}$$

对于转换波折射波而言，

$$t_{\text{p-sv}} = SW/V_{\mathrm{p}_1} + WC/V_{\mathrm{p}_2} + CE/V_{\mathrm{p}_3} + EB/V_{\mathrm{sv}_2} + BR1/V_{\mathrm{sv}_1} \tag{4-33}$$

由图 4-10 中几何关系可得

$$\begin{aligned} CE &= x - (Z_1 \mathrm{tg} i_{\mathrm{a}1} + Z_1 \mathrm{tg} i_{\mathrm{b}1} + Z_2 \mathrm{tg} i_{\mathrm{a}2} + Z_2 \mathrm{tg} i_{\mathrm{b}2}) \\ SW &= Z_1 \cos i_{\mathrm{a}1} \\ BR1 &= Z_1 \cos i_{\mathrm{b}1} \\ WC &= Z_2 \cos i_{\mathrm{a}2} \\ EB &= Z_2 \cos i_{\mathrm{b}2} \end{aligned} \tag{4-34}$$

将式（4-34）代入式（4-33），化简可得

$$\begin{aligned} t_{\text{p-sw}} &= x/V_{\mathrm{p}_3} + Z_1 \cos i_{\mathrm{a}1}/V_{\mathrm{p}_1} + Z_1 \cos i_{\mathrm{b}1}/V_{\mathrm{sv}_1} \\ &\quad + Z_2 \cos i_{\mathrm{a}2}/V_{\mathrm{p}_2} + Z_2 \cos i_{\mathrm{b}2}/V_{\mathrm{sv}_2} \end{aligned} \tag{4-35}$$

可以把式（4-35）推广到 n 层：

$$t_{\text{p-sv}} = x/V_{\mathrm{p}_n} + \sum_{k=1}^{n-1} \frac{Z_k(\cos i_{ak} + i_{bk} \cdot \sin i_{ak})}{V_{\mathrm{p}_k}} \tag{4-36}$$

图 4-11 为一典型的两层水平折射界面下纵波和转换波折射时距曲线示意图，按照折射层可以确定对应的折射曲线。根据式（4-32）和式（4-36），可以得到如下结论：对应折射层的转换波折射波和纵波折射波是平行的。

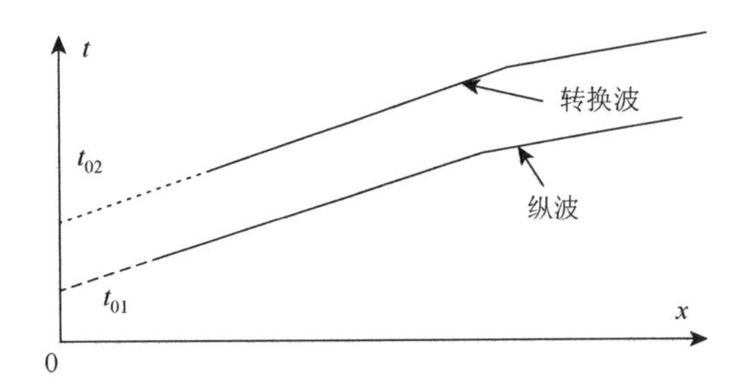

图 4-11　两水平层纵波和转换波折射波时距曲线
（t_{01}，t_{02} 分别为其截距时间）

4.2.1.2　折射界面倾斜的转换波折射波时距方程

前面讨论了水平界面下的折射波时距关系，现在讨论倾斜界面下折射波的时距关系，这种情况更具有实际意义。

为了讨论简单，下面推导一个倾斜界面的情况。图 4-12 表示具有倾角为 ϕ 的倾斜界面，假定该界面满足形成纵波折射波和转换波折射波的一切条件，则可以分别研究纵波折射波传播路径和转换波折射波传播路径与时间的关系。射线路径 $ABCE$ 为纵波的一条折射波传播路径，其传播时间为 t_{p}，射线路径 $ABDE$ 为转换波的一条折射波传播路径，其传播时间为 $t_{\mathrm{p\text{-}sv}}$。x 为 A、E 间的水平距离。Z_1、Z_2 分别表示地面物理点到折射层的法线深度。下面分别推导传播时间 t_{p} 和 $t_{\mathrm{p\text{-}sv}}$ 与距离 x 的关系。

首先推导纵波折射波传播时间 t_{p} 与距离 x 间的关系。

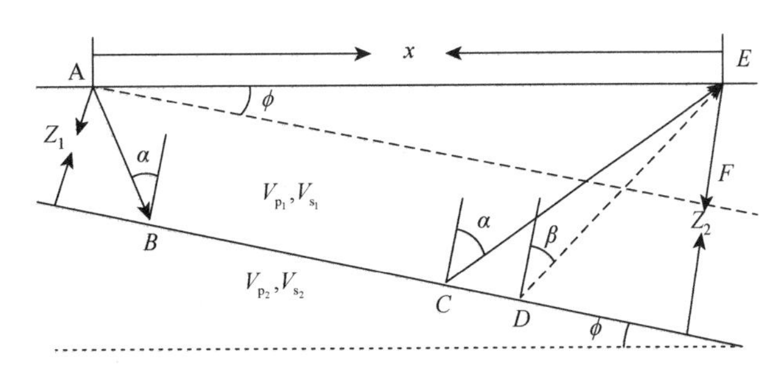

图 4-12　单层倾斜折射层折射波传播路径图（实线为纵波传播路径，虚线为转换波传播路径）

从图 4-12 可以看出：

$$t_{\mathrm{p}}=(AB+CE)/V_{\mathrm{p_1}}+BC/V_{\mathrm{p_2}} \tag{4-37}$$

通过简单的几何关系可得

$$t_{\mathrm{p}}=(Z_1/\cos\alpha+Z_2/\cos\alpha)/V_{\mathrm{p_1}}+[AE-(Z_1+Z_2)\mathrm{tg}\alpha]/V_{\mathrm{p_2}} \tag{4-38}$$

由于

$$AE=x\cos\phi;V_{\mathrm{p_2}}=V_{\mathrm{p_1}}/\sin\alpha \tag{4-39}$$

所以

$$t_{p} = x\cos\phi / V_{p_2} + (Z_1 + Z_2)\cos\alpha / V_{p_1} \tag{4-40}$$

根据射线路径可逆原理，不管激发点为A还是E，对应A、E两点间的折射旅行时就可以用式（4-40）表示。

下面来推导转换波折射时距方程。

$$t_{p\text{-}sv} = AB / V_{p_1} + DE / V_{s_1} + BD / V_{p_2} \tag{4-41}$$

通过简单的几何关系可得

$$t_{p\text{-}sv} = Z_1 / (V_{p_1}\cos\alpha) + Z_2 / (V_{s_1}\cos\alpha) + [AE - (Z_1\mathrm{tg}\alpha + Z_2\mathrm{tg}\beta] / V_{p_2} \tag{4-42}$$

由于

$$AE = x\cos\phi; V_{p_2} = V_{p_1} / \sin\alpha = V_{s_1} / \sin\beta \tag{4-43}$$

所以式（4-42）可以变为

$$t_{p\text{-}sv} = x\cos\phi / V_{p_2} + Z_1\cos\alpha / V_{p_1} + Z_2\cos\beta / V_{s_1} \tag{4-44}$$

式（4-44）是以A点为激发点，以E点为接收点时，对应A、E两点间的折射旅行时。如果以E点为激发点，以A点为接收点，按照上面的步骤可以推导出对应A、E两点间的折射旅行时为

$$t'_{p\text{-}sv} = x\cos\phi / V_{p_2} + Z_2\cos\alpha / V_{p_1} + Z_1\cos\beta / V_{s_1} \tag{4-45}$$

对比纵波折射旅行时距式（4-40）和转换波折射旅行时距式（4-45），从式（4-44）可以看出，在一个倾斜界面的条件下，他们的时距曲线依然是一条直线，并且相互平行。

从前面对平层和单倾斜层的推导可以得出如下结论：P-P-P 折射波和 P-P-SV 折射波的时距曲线，在同一构造下曲线斜率相同，即在同一构造下它们是平行的。

4.2.1.3　转换波和纵波折射界面不同时的折射时距曲线特点

前几节推导的转换波折射时距曲线是在和纵波折射界面相同的情况下推导的。在折射界面相同的情况下，得出了转换波折射波和纵波折射波在一定条件下平行的重要结论。但是在实际资料中还有一些转换波和纵波折射界面不统一的情况。下面对这种情况进行分析。

以转换波和纵波均在单个折射层条件下的时距方程为例。

当折射界面为同一个界面时，前面已经得出其时距方程。

纵波折射时距方程为

$$t_{p} = x / V_{p_2} + t_{01} \tag{4-46}$$

转换波折射时距方程为

$$t_{p\text{-}sv} = x / V_{p_2} + t_{02} \tag{4-47}$$

当折射界面不是同一个界面时，纵波和转换波的折射层速度不同，即式(4-46)、式(4-47)中的V_{p_2}不同，那么两式的斜率不同，即两条时距曲线不再平行。

在多层和倾斜层情况下可以得到类似结论。

由此可知，仅在转换波和纵波折射界面为同一界面时，两者的折射时距曲线才在一定条件下平行。

4.2.2　转换波初至的定义

P-SV 转换波记录的初至组成较为复杂。由于波在传播过程中发生了波型转换，造成初至附近来自不同折射界面的纵波和 SV 波等多种波型同时存在，要想拾取转换波初至必须弄清转换波记录初至附近波的组成。这里，采用如图 4-13 所示模型进行研究，该模型不存在速度的横向变化，并且纵波和横波折射界面相同，这些条件简化了对转换波初至的分析。

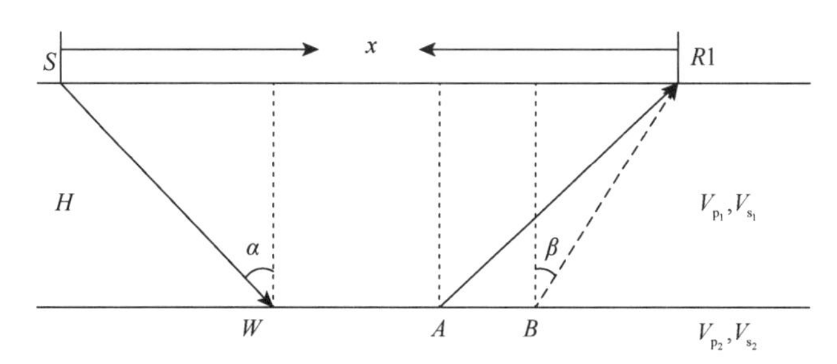

图 4-13　转换波初至传播路径图，实线为纵波传播路径，虚线为横波传播路径
（一层模型假纵波和横波折射界面相同）

在讨论 P-SV 转换波初至的时候，应主要区分三种波：P-P-P 波初至、P-SV-SV 波初至和 P-P-SV 波初至。P-P-P 波初至的意义为，P 波入射，在折射界面上以 P 波速度滑行，然后以 P 波形式出射。P-SV-SV 波初至的意义为，P 波入射，在折射界面上以 SV 波速度滑行，然后以 SV 波形式出射。P-P-SV 波初至的意义为，P 波入射，在折射界面上以 P 波速度滑行，然后以 SV 波形式出射。这些在后面就不再进行说明。

转换波记录中的 P-P-P 波初至和 P 波记录中的初至波是同一种波，仅代表了 P 波的信息，其时距方程也和纵波中的初至相同，这种波可以在 P 波记录中精确拾取后映射到转换波记录中。虽然在转换波记录中 P-P-P 初至最先被接收到，但是这种初至波一直以纵波传播，没有反映出 SV 波的信息，不能作为转换波初至。下面分析一下 P-SV-SV 波初至和 P-P-SV 波初至在转换波记录中的传播特点。如图 4-13 所示模型，当折射波按照 P-P-SV 波传播时，上节已经推导过其时距方程为

$$t_1 = \frac{x}{V_{p_2}} + \left(\frac{\sin\alpha \mathrm{ctg}\beta + \cos\alpha}{V_{p_1}}\right)H \tag{4-48}$$

其中，$\alpha = \sin^{-1}\left(\frac{V_{p_1}}{V_{p_2}}\right)$，$\beta = \sin^{-1}\left(\frac{V_{s_1}}{V_{p_2}}\right)$。

当折射波按照 P-SV-SV 波传播时，可以推导出其时距方程为（其推导过程类似 P-P-SV 折射波推导，这里不进行具体推导）：

$$t_2 = \frac{x}{V_{s_2}} + \left(\frac{\sin\beta \operatorname{ctg}\alpha + \cos\beta}{V_{s_1}} \right) H \tag{4-49}$$

对比式（4-48）和式（4-49），由于同层横波速度较纵波速度小，简单分析可以得到以下结论：仅当偏移距很小时 P-SV-SV 折射波早于 P-P-SV 折射波传出地表，随着偏移距的增大，P-P-SV 折射波开始早于 P-SV-SV 折射波传出地表。由于两种折射波的传播速度不同，因此在地震记录上可以很直观的通过其斜率的差别对其进行区分，也可以在记录上通过限制偏移距进行区分。

由于 P-P-SV 折射波在大部分偏移距下较 P-SV-SV 折射波先出射，并且通过上一节的分析，已经得到了 P-P-P 折射波和 P-P-SV 折射波在一定条件下平行的结论。这些都使得 P-P-SV 折射初至在转换波记录中比 P-SV-SV 折射初至更容易识别，在本书中定义 P-P-SV 折射初至为 P-SV 转换波记录的初至波。

当然，P-P-P 折射波和 P-P-SV 折射波平行的结论是在纵波和转换波折射界面相同的情况下得到的，对于实际记录并不一定符合。但是只要转换波记录中存在纵波折射界面生成的转换波折射波，推论就可以成立。在实际资料拾取中，通过选定偏移距一般都可以找到部分记录，使得转换波初至和纵波初至近似符合平行关系。这将对拾取转换波初至起到很大的指导作用。

由于转换波初至不易识别，对拾取的初至必须有一定的判别标准，以确定是否拾取正确。潘树林（2008）通过理论分析以及对实际资料的一些认识，总结出以下三条判定准则：

第一，转换波初至是在转换波记录初至附近能量较强的波；

第二，来自同一层的转换波初至和纵波初至在静校正后应近似平行；

第三，使用拾取的转换波初至求取静校正量，应用静校正量后转换波记录有改善。

第一条和第二条为拾取转换波初至的操作标准，第三条为验证标准。如果拾取的转换波初至能够符合前面的三条准则，就可以认为拾取的转换波初至是正确的。

4.2.3 叠加法确定转换波初至

经过前面章节的分析，得到了在简单构造下转换波记录中 P-P-P 折射初至和 P-P-SV 折射初至平行的结论。在实际记录中，由于 CRP（共检波点道集）中各道中炮点静校正量由纵波资料处理已经获得，那么应用炮点静校正量后 CRP 各道将表现出共同的静校正量（对应检波点的 SV 波静校正量），在 CRP 道集中记录将表现出前面提到的 P-P-P 和 P-P-SV 折射波的平行性。

虽然在 CRP 道集中 P-P-P 折射波和 P-P-SV 折射波有平行关系，但是由于 P-SV 转换波记录的信噪比高低差异和初至附近复杂的波组，使得在原始记录中直接拾取 P-P-SV 折射初至仍然是一件很困难的事。如图 4-14，图 4-15 所示的资料，虽然在 CRP 道集中可以看到一些平行波组的影子，但是要想确定 P-P-SV 折射初至的位置是非常困难的。

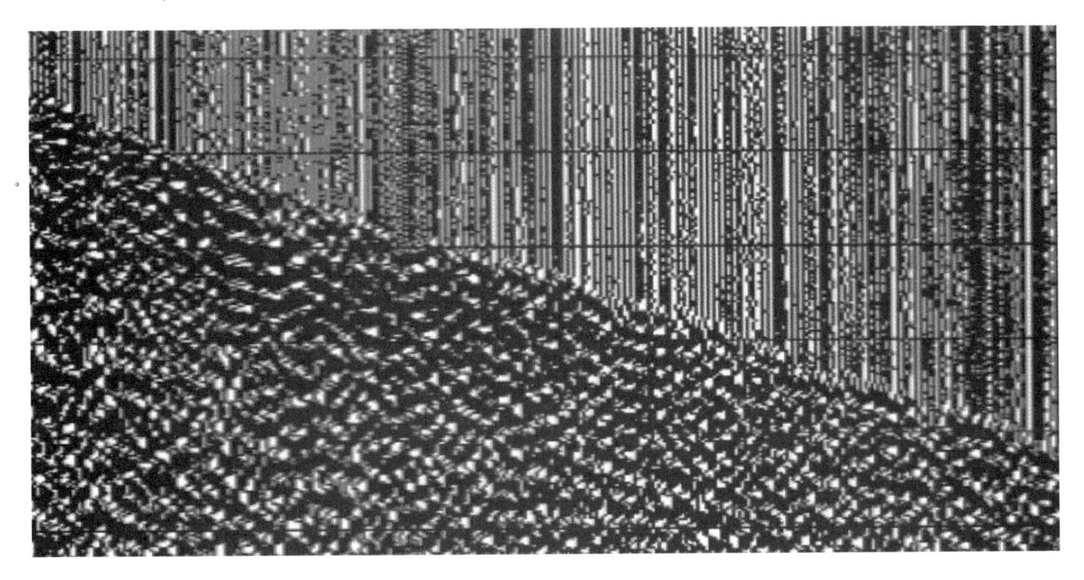

图 4-14　宣汉地区转换波资料典型共炮道集（局部）

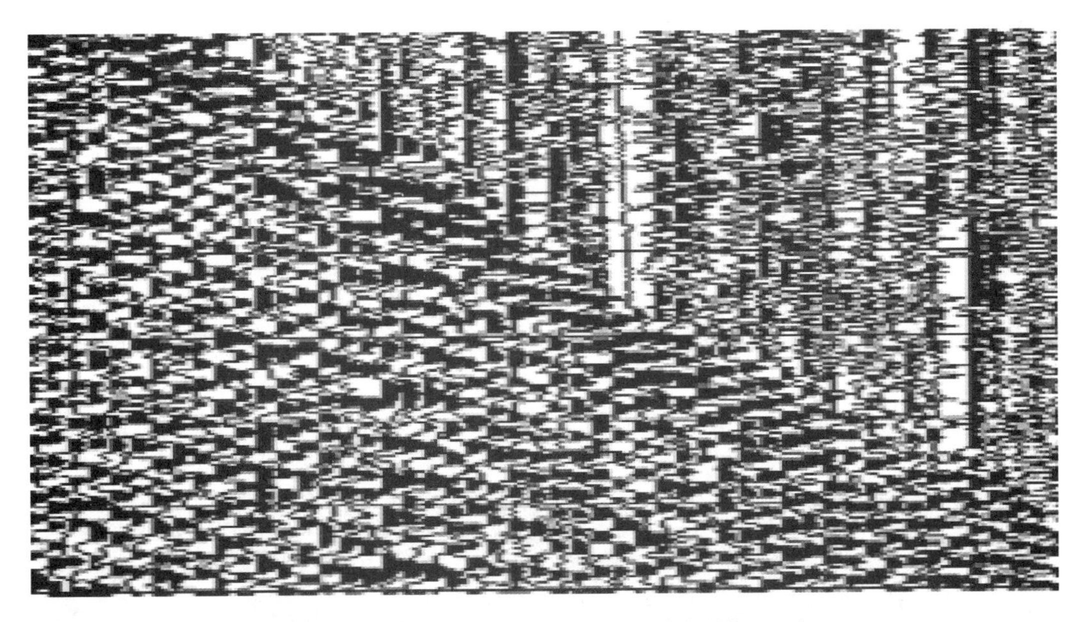

图 4-15　宣汉地区转换波资料典型共检波点道集（局部）

而如果能够将 CRP 道集中各道以某种形式使 P-P-SV 折射初至同相叠加，使初至能量得到叠加，其他信息能量被衰减，理论上应该更容易将 P-P-SV 折射初至分辨出来。由于在共检波点道集中，纵波初至和转换波初至之间存在平行关系，所以如果能够使纵波初至同相叠加，相应的转换波初至也会得到同相叠加。为了实现初至的同相叠加，潘树林等（2010）提出采用以下方法：

（1）精确拾取转换波记录对应纵波分量的 P-P-P 折射初至波。

（2）将拾取的初至映射到 P-SV 分量记录上。

（3）把 P-SV 分量中各道按照静校正的方式进行移动，移动量为 P-P-P 折射初至时间与某个固定时间的差值。

（4）将移动后的 P-SV 分量在 CRP 道集进行叠加。

（5）叠加道中能量最强的波峰被认为是 P-P-SV 折射初至位置。

图 4-14 和图 4-15 所示的宣汉地区转换波资料，信噪比较低、转换波初至不明显。将在纵波记录中拾取的 P 波初至映射到转换波记录后，发现该转换波记录中纵波初至能量很弱，转换波初至模糊。使用前面叙述的初至叠加算法对该转换波资料进行处理，得到了图 4-16。

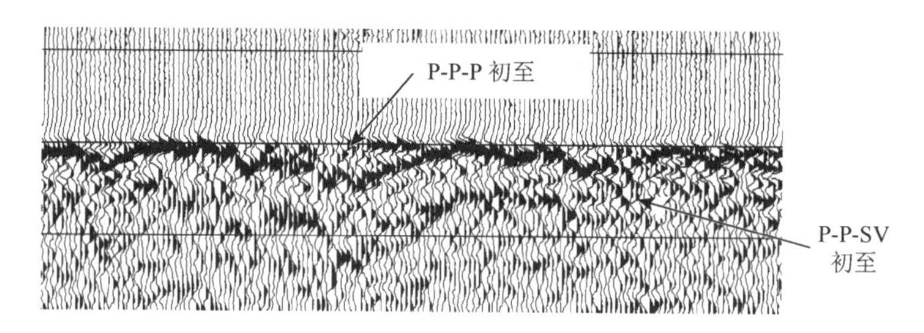

图 4-16　宣汉地区转换波资料初至叠加结果

对图 4-16 进行仔细分析，可以得出以下结论：在转换波记录中纵波初至能量较弱或者无能量时，叠加结果中能量最强的相位就是转换波初至。图中每一道是一个对应 CRP 道集“静校正”后的叠加道，代表了一个共检波点的信息。

图 4-16 得到的叠加结果虽然信噪比不是很高，但是考虑到临近检波点的叠加结果具有相似性（即转换波初至叠加结果波形具有连续性），从图中仍然可以较容易地识别出转换波初至。对于信噪比较高、P-P-SV 折射初至较明显的转换波记录，使用初至叠加法处理效果更加理想。

通过对图 4-17～图 4-19 分析可知，纵波初至叠加位置的下方有一个能量较强的波形，

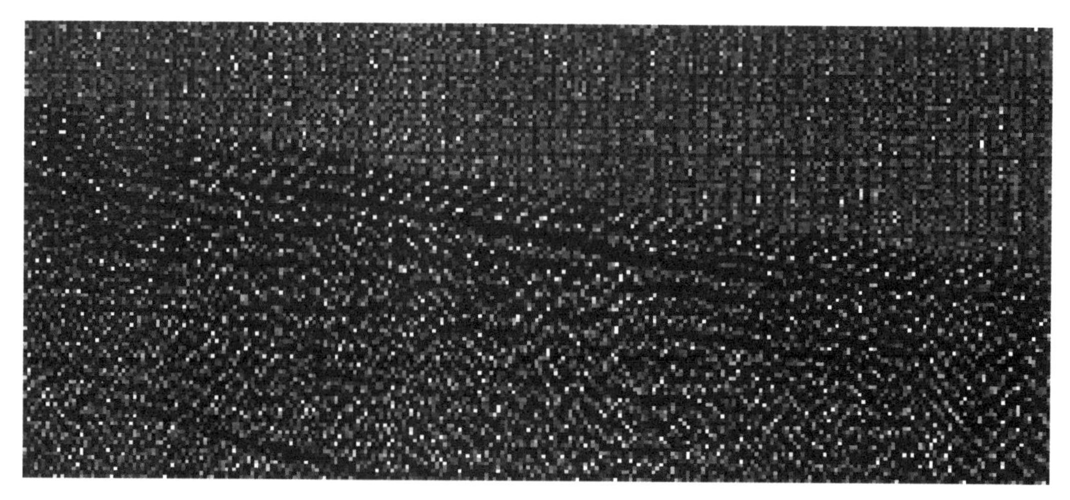

图 4-17　苏里格地区转换波资料典型共炮道集（局部）

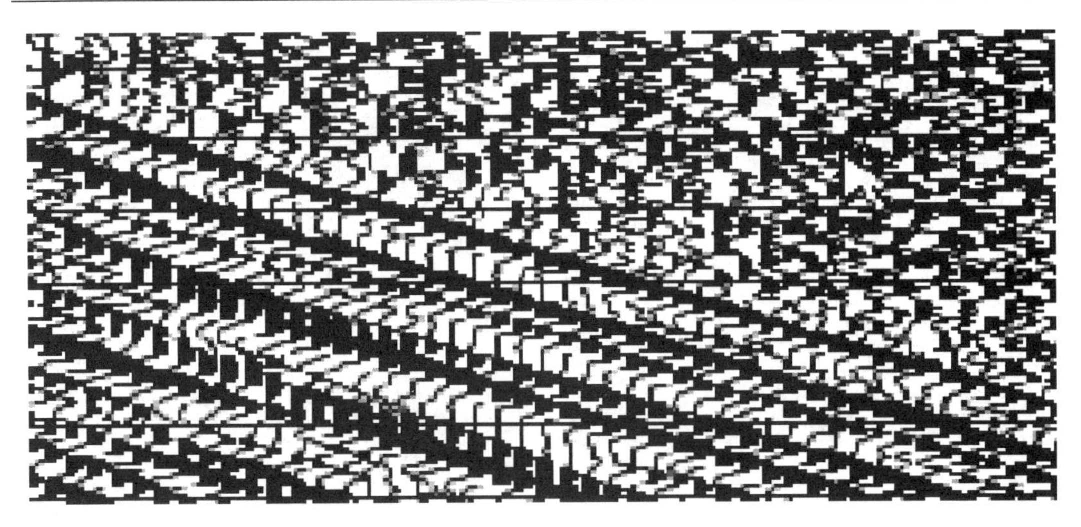

图4-18　苏里格地区转换波资料典型共检波点道集（局部）

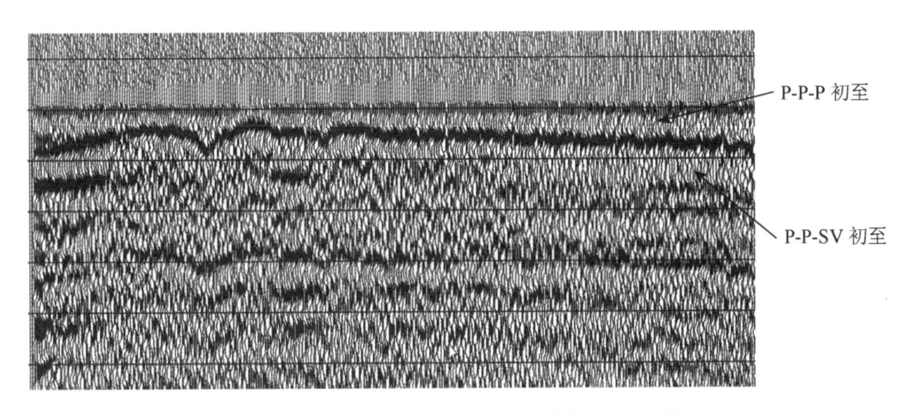

图4-19　苏里格地区转换波记录初至叠加图

暂且认为这个能量较强的波就是转换波初至的位置，其可靠性会在后面章节通过静校正进行验证。前面的例子不仅证实了转换波初至的存在，并且得到了每个CRP道集中转换波初至和纵波初至之间的大体时差。

通过初至叠加确定的转换波初至时差符合前面判定准则的头两条，即转换波初至是在转换波记录初至附近能量较强的波，并且来自同一层的转换波初至和纵波初至在共检波点道集中应近似平行（同相叠加证明了P-SV转换波实际记录中纵波初至和转换波初至存在平行性关系）。当然，实际记录和理想模型下的结论略有差异，平行性的结论只能认为是一个近似的结果，通过纵波初至和求取的纵波和转换波初至时差只能确定出实际初至的大体位置。可以通过能量扫描等手段在确定的大体位置附近搜索最佳的转换波初至，图4-20为使用Tao-p变换扫描获得的最佳转换波初至。

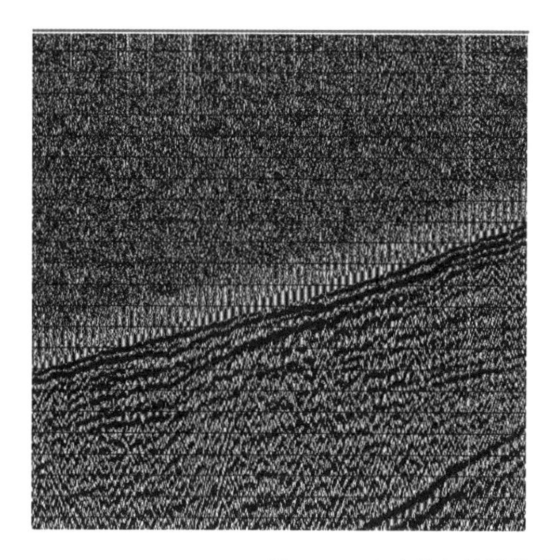

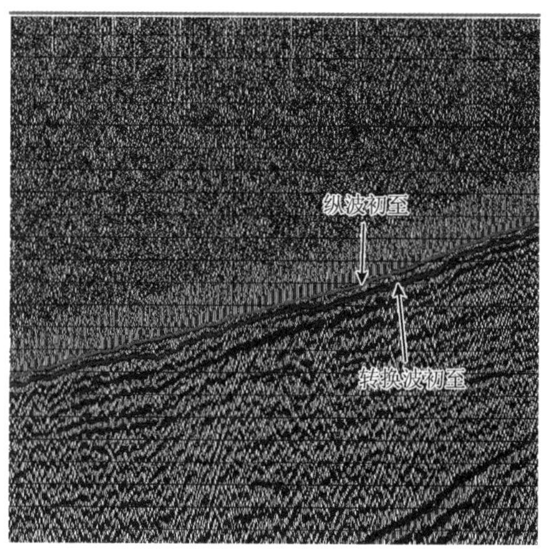

图 4-20　自动拾取的转换波初至在共炮道集中的显示

4.3　转换波折射静校正算法

在纵波静校正方法里面，折射波静校正占有很重要的地位。在长期的科研生产中，有很多折射静校正算法取得了很好的效果。但是，由于转换波初至一直没有很好的拾取方法，导致大量成熟的在纵波中取得了良好效果的折射静校正算法无法在转换波静校正中应用。在 4.2 节中详细阐述了拾取转换波初至的思路和做法，并在实际资料中取得了成功，这就为使用折射静校正方法进行转换波静校正提供了基础。理论上来说，使用纵波初至进行的静校正方法，都可以使用转换波初至来进行处理。在这里仅介绍一种和前面纵波折射静校正略有区别的转换波延迟时静校正方法。国内学者杨海申等（2006）提出的延迟时时差静校正算法是考虑了纵波延迟时的一种转换波延迟时算法。下面阐述该算法的原理及使用中注意的问题。

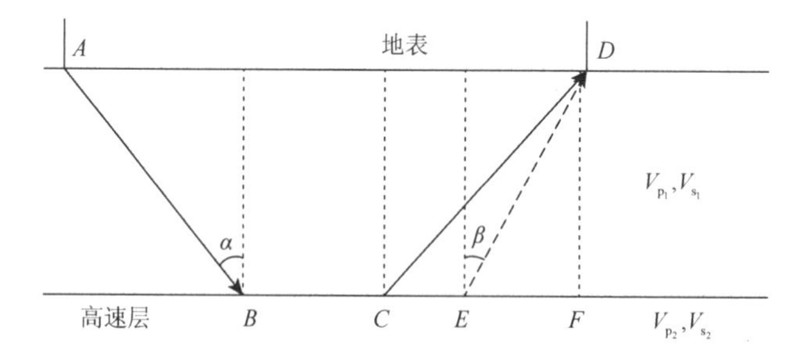

图 4-21　纵波和转换波初至传播路径图，实线为纵波传播路径，虚线为横波传播路径

如图 4-21 为两层结构模型：纵波速度分别为 V_{p_1} 和 V_{p_2}；横波速度为 V_{s_1}；A 为激发点，D 为接收点。从图中可以看出，由 A 点激发，D 点接收，纵波折射波路径为 $ABCD$，α 为

纵波临界角，AB 段和 CD 段的传播速度为 V_{p_1}，BC 段传播速度为 V_{p_2}。对于转换波，AB 段仍以速度 V_{p_1} 传播，沿界面以纵波 V_{p_2} 速度滑行，到达 E 点产生转换波，沿射线 ED 以横波速度 V_{s_1} 到达 D 点，出射角为 β。因为 $V_{p_1} > V_{s_1}$，所以 $\alpha > \beta$，转换点 E 比 C 点更靠近 D 点。从折射路径可以看到，从激发点 A 到接收点 D 的纵波与转换波初至时间差为

$$\Delta t = [T_{AB} + T_{BE} + T_{ED}] - [T_{AB} + T_{BC} + T_{CD}] = T_{CE} + T_{ED} - T_{CD} \tag{4-50}$$

将式（4-50）转化为如下的形式：

$$\Delta t = T_{ED} - T_{EF} + T_{EF} + T_{CE} - T_{CD} = (T_{ED} - T_{EF}) - (T_{CD} - T_{CF}) \tag{4-51}$$

令

$$d_{\mathrm{p}} = T_{CD} - T_{CF}, d_s = T_{ED} - T_{EF} \tag{4-52}$$

得到

$$d_{\mathrm{s}} = \Delta t + d_{\mathrm{p}} \tag{4-53}$$

根据延迟时定义可知：d_{p} 为纵波延迟时，类似地把 d_{s} 定义为转换波延迟时；Δt 为转换波与纵波的初至时差。

因此可以得出如下结论：转换波检波点延迟时等于转换波与纵波初至时差和纵波检波点延迟时的和。

对于如图 4-22 所示的多层介质，在下层界面的转换点 E 处产生横波，到达接收点，接收点的转换波延迟时与纵波延迟时的时差也符合关系式（4-50）。这里就不再进行推导了。

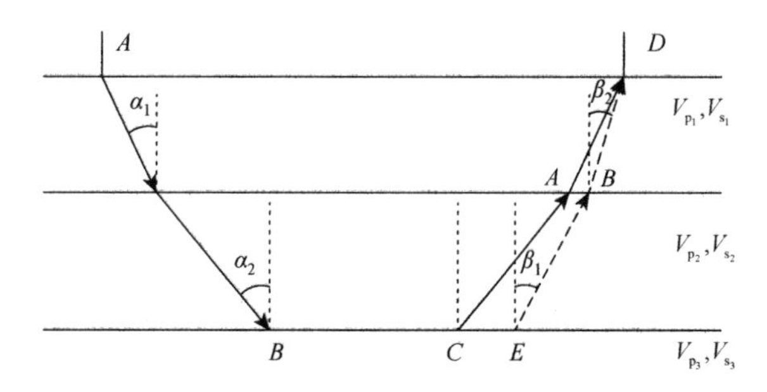

图 4-22　多折射层下纵波和转换波初至传播路径图，实线为纵波传播路径，虚线为横波传播路径

这种算法原理明晰，在地质模型不是特别复杂的情况下有较好的应用效果，该方法的关键点在于如何准确地求取纵波延迟时和转换波延迟时之间的时差。杨海申等（2006）提出了通过转换波和纵波初至的相关函数叠加来推测转换波初至的位置，这种方法在转换波初至清晰并且能量较强的时候效果较好，但是，当转换波初至不是特别明显或者初至附近存在干扰的时候，很难准确地推测转换波的初至位置。而实际的 P-SV 转换波记录往往初至能量弱，不易分辨。使用 4.2 节提出的转换波初至叠加法，可以更好地获得纵横波初至时差，从而获得更好的静校正效果。潘树林（2008）使用初至叠加法对苏里格、四川宣汉、德阳新场、塔河、大庆以及胜利油田等多个地区采集的转换波资料进行了转换波静校正量的计算，均取得了较好的计算效果。

图 4-23 是苏里格地区的一条二维三分量地震测线典型剖面。测线中部有一条古河道，古河道处静校正量变化剧烈，静校正问题集中在古河道位置。共炮记录中转换波初至不易识别。该测线共有 611 炮，接收点个数 4018 个，每炮道数 2880 道，道间距为 5m，原采样间隔为 1ms。是国内较早采集的一块高密度空间采样的多波资料。该资料 P-SV 转换波分量的处理难点集中在转换波的静校正问题上，古河道位置的静校正问题尤其突出。国内外多家处理和研究部门对这块资料进行了处理，其中东方地球物理公司的专家李彦鹏等（2012）提出的延迟时差法能很好地解决静校正问题。

对比图 4-23 和图 4-24 可以知，在共炮道集中难以分辨的转换波初至，在共检波点道集中与纵波初至表现出很好的平行性。这为使用共炮域初至拟合算法提供了基础。使用初至叠加法拾取时差和相关法拾取时差，分别对该资料进行处理，图 4-25 为两种方法叠加效果对比。

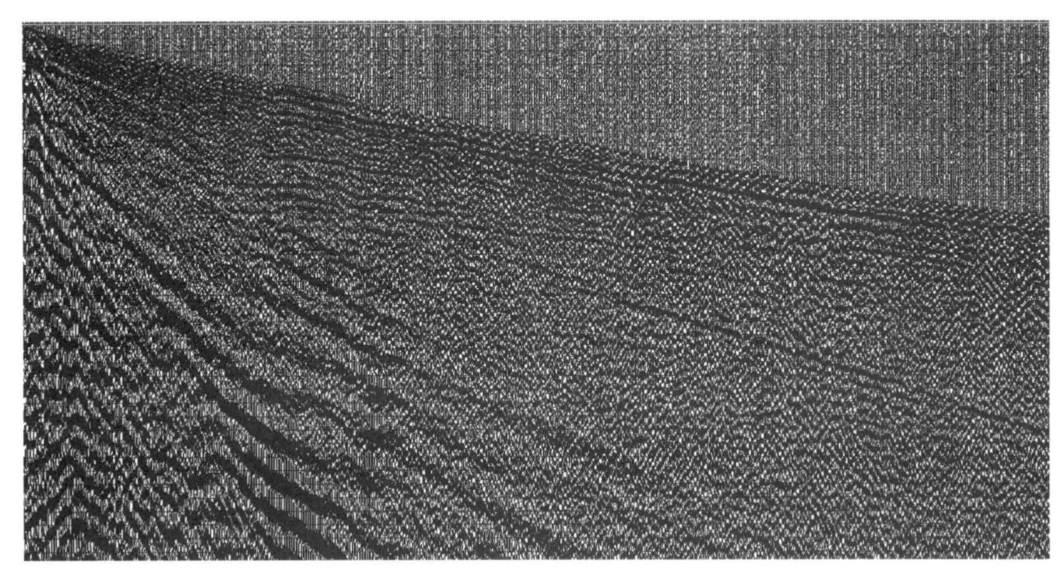

图 4-23　苏里格地区典型单炮记录（共炮道集，局部）

图 4-24　苏里格地区典型共检波点道集（局部）

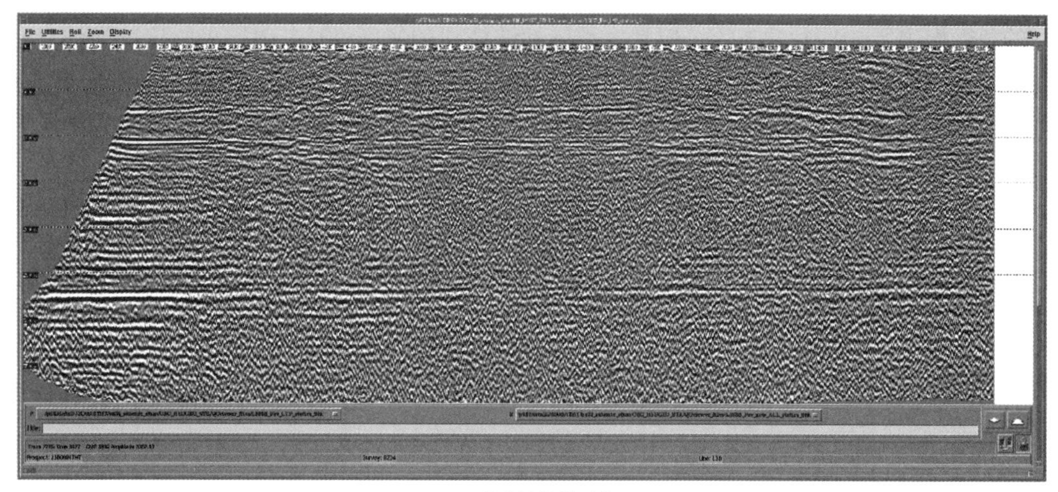
(a) 相关法计算时差

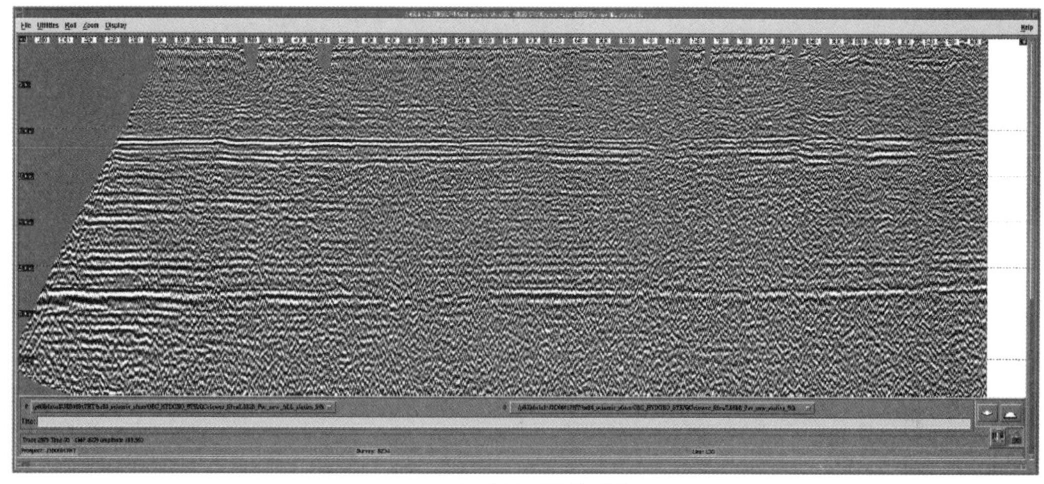
(b) 初至叠加法计算时差

图 4-25　应用不同静校正量后的 CMP 道集初叠剖面

4.4　小　　结

转换波地震勘探为人们提供了比常规纵波地震勘探更加丰富的地下信息，为降低地下多解性，降低勘探风险创造了更好的条件。但是事实上目前转换波地震勘探处于一个比较尴尬的状态，国内外采集的多块转换波地震资料都没有达到预期的目的。地震资料的处理、解释是息息相关的，处理的质量直接影响到解释的结果。而目前的转换波地震资料处理尚有一些关键问题没有得到好的解决，其中转换波静校正问题就是制约处理的一个很关键的问题。目前生产中使用的转换波静校正方法基本上都属于反射波剩余静校正方法，严重缺乏转换波基准面静校正方法，这就造成了转换波资料有可能成像，但是构造解释不准确，难以获得和纵波资料不同的地质认识。本章对生产中常用的转换波静校正方法进行了讨论，也提出了一些改进意见。并对转换波基准面静校正方法进行了初步探讨，从转换波初至的角度提出了一些解决方案。但是由于转换波资料的复杂性，书中提出的这些方法只有在满足书中提出的转换波初至的假设条件的地区才有效果，在实际应用中还需要进一步对方法进行改进完善。转换波静校正问题远远没有得到解决，对静校正有兴趣的读者可以在此方向进行进一步的研究。

第 5 章　波动方程延拓静校正

5.1　静校正的基本假设条件及存在的问题

在实际生产实践中常用的静校正方法都是基于地表一致性假设，即假设反射波在震源和检波点处分别是垂直入射和出射的，静校正量只与地震道对应的炮点和检波点位置相关，而与炮检距、反射界面位置等其他因素无关。基于此种假设延伸出的各种静校正方法在实际生产中取得了一定的效果。地表一致性假设简化了实际地震波的传播规律，使静校正量易于计算，在地表地质情况简单的地区，基于地表一致性假设的方法得到的静校正量误差较小，能够满足生产要求。在第 1 章中介绍了地表一致性假设的内容及其近似成立的条件。近年来，地震勘探的目标区域逐渐由平缓的盆地中心地带转向具有复杂地貌地质条件的盆地边缘地区，以山地丘陵、沙漠戈壁为代表的地形逐渐成为地震勘探的主要区域。这些地形不满足地表一致性假设，主要表现在地形起伏较大，低速带速度高、炮检距大、风化层较厚，这成为地震资料处理的难点之一。如何合理、准确地消除近地表因素对原始地震资料的影响，校正畸变的反射同相轴，恢复地层的真实构造形态，提高地震资料成像质量，已逐渐成为复杂地形区域地震资料采集处理的关键问题之一。而在这些复杂的构造区域，地表一致性假设条件往往无法满足，常规的地表一致性静校正方法将对实际资料的处理带来较大的误差，而这些误差对成像的影响往往在后期无法消除。因此，对常规静校正计算方法的误差进行定量分析，有助于了解静校正方法的适用性，为静校正方法的选择提供依据。

随着地震勘探向一些地表情况复杂地区的转移，越来越多的资料出现了非地表一致性静校正问题，地表一致性静校正误差分析也逐渐引起处理人员重视，国内外都出现了相当数量的研究文献，其中包括：邹强（2004）在其博士论文中探讨了不同静校正计算方法的差异问题；张福宏等（2008）探讨了基准面及炮检高差对静校正误差的影响；李继光（2010）对不同近地表校正方法的原理、适用条件、优缺点、实际应用效果进行了分析与总结；尹奇峰等（2011）分析了低速带及反射层埋深对静校正的影响；唐进（2013）分析了基岩出露模型下的静校正误差问题；李晨光等（2015，2016）分别使用 Snell 定理和有限频 Snell 定理计算了典型模型下静校正误差问题。

5.1.1　水平层状介质地表非一致性理论

为了分析静校正的误差问题，以水平均匀层状模型为例，计算传统的基准面静校正量（地表一致性静校正量）与实际静校正量（非地表一致性静校正量）的差距。在本书中，把根据地表一致性假设条件计算的静校正量称为计算静校正量，把根据模型正演计算得到的非地表一致性静校正量称为理论校正量。

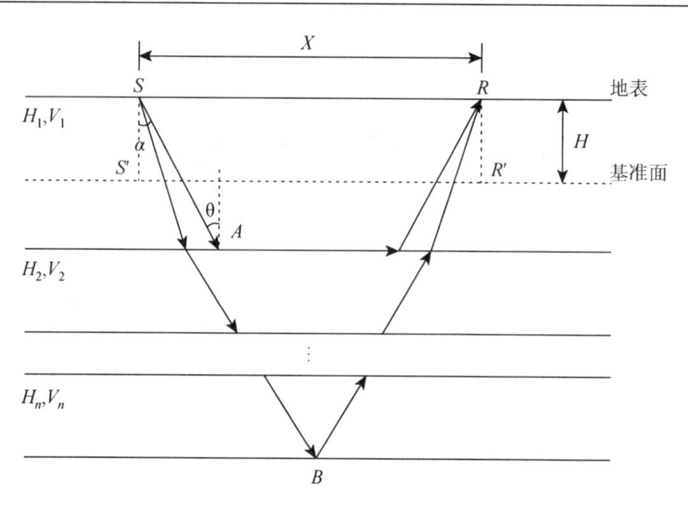

图 5-1　水平层状介质模型示意图

设多层水平介质如图 5-1 所示，炮点 S，检波点 R，炮检距 X，射线从 S 传播到 R 的旅行时为 t。设共有 n 层，射线在第 i 层内的单程旅行时为 t_i，射线在第 i 层内路径在地面的投影长度为 x_i，则：

$$\begin{cases} X = 2\sum_{i=1}^{n} x_i \\ t = 2\sum_{i=1}^{n} t_i \end{cases} \tag{5-1}$$

根据 Snell 定理有

$$\frac{\sin\alpha_1}{V_1} = \frac{\sin\alpha_2}{V_2} = \cdots = \frac{\sin\alpha_n}{V_n} = P \tag{5-2}$$

式中，α_i——射线在各界面下的入射角，(°)；

V_i——各层的速度（$i = 1, 2, \cdots, n$），m/s。

将式（5-2）代入式（5-1）有

$$\begin{cases} X = 2\sum_{i=1}^{n} x_i = 2\sum_{i=1}^{n} h_i \mathrm{tg}\alpha_i = 2\sum_{i=1}^{n} h_i \frac{PV_i}{\sqrt{1-P^2V_i^2}} & \text{(a)} \\ t = 2\sum_{i=1}^{n} t_i = 2\sum_{i=1}^{n} \frac{h_i}{V_i\cos\alpha_i} = 2\sum_{i=1}^{n} \frac{h_i}{V_i\sqrt{1-P^2V_i^2}} & \text{(b)} \end{cases} \tag{5-3}$$

式中，$h_i (i = 1, 2, \cdots, n)$——各层的厚度，m。

基准面位于 H（以下称为“基准面厚度”。若基准面位于地表以下，则 $H > 0$；若基准面位于地表以上，则 $H < 0$）深度处。S'为校正后的炮点，R'为校正后的检波点。假设 $V_n > \cdots > V_2 > V_1$，从炮点出发的射线从 A 点开始折射，临界角为 θ，另有一条射线经 B 点反射后到达检波点，该条射线从炮点出发时的出射角为 α。由式［5-3（a)］得

$$X = 2\sum_{i=1}^{n} \frac{V_i H_i \sin\alpha}{\sqrt{V_1^2 - V_i^2 \sin^2\alpha}} = X(\alpha) \tag{5-4}$$

由第 1 章介绍的方法可知，常用的基准面校正将地表校正到图中基准面时，该道记录的静校正量 S_0（即基准面校正量）为

$$S_0 = 2\frac{H}{V_1} \tag{5-5}$$

由式［5-3（b）］，图 5.1 中所示反射波的旅行时 $t_{\rm re}$ 为

$$t_{re} = 2\sum_{i=1}^{n}\frac{V_1 H_i}{V_i\sqrt{V_1^2 - V_i^2\sin^2\alpha}} = t_{re}(\alpha) \tag{5-6}$$

在经过静校正后，炮点 S 和检波点 R 分别被校正到了位于基准面上的 S' 和 R'。根据静校正的定义，校正后的记录应该与由 S' 点激发，R' 点接收的记录相同。设从 S' 点出发，经 B 点反射后到达 R' 点的射线其初始入射角为 α'。由式［5-3（a）］可知，α' 满足以下公式：

$$\begin{aligned} X &= 2\sum_{i=2}^{n}\frac{V_i H_i\sin\alpha'}{\sqrt{V_1^2 - V_i^2\sin^2\alpha'}} + 2\frac{V_1(H_1 - H)\sin\alpha'}{\sqrt{V_1^2 - V_1^2\sin^2\alpha'}} \\ &= 2\sum_{i=1}^{n}\frac{V_i H_i\sin\alpha'}{\sqrt{V_1^2 - V_i^2\sin^2\alpha'}} - 2H\mathrm{tg}\alpha' \\ &= X(\alpha') - 2H\mathrm{tg}\alpha' \end{aligned} \tag{5-7}$$

在炮检距 X 确定的情况下，α' 也是唯一确定的。

静校正后的该反射波旅行时 $t'_{\rm re}$ 为

$$\begin{aligned} t'_{\rm re} &= 2\left(\frac{H_1 - H}{V_1\cos\alpha'} + \sum_{i=2}^{n}\frac{V_1 H_i}{V_i\sqrt{V_1^2 - V_i^2\sin^2\alpha'}}\right) \\ &= 2\left(\sum_{i=1}^{n}\frac{V_1 H_i}{V_i\sqrt{V_1^2 - V_i^2\sin^2\alpha'}} - \frac{H}{V_1\cos\alpha'}\right) \\ &= 2\sum_{i=1}^{n}\frac{V_1 H_i}{V_i\sqrt{V_1^2 - V_i^2\sin^2\alpha'}} - 2\frac{H}{V_1\cos\alpha'} \end{aligned}$$

即有

$$t'_{\rm re} = t_{\rm re}(\alpha') - 2\frac{H}{V_1\cos\alpha'} \tag{5-8}$$

则反射波的理论校正量 $S_{\rm re}$ 为

$$S_{\rm re} = t_{\rm re} - t'_{\rm re} = t_{\rm re}(\alpha) - t_{\rm re}(\alpha') + 2\frac{H}{V_1\cos\alpha'} \tag{5-9}$$

同样，对于图 5-1 中所示的折射波，校正前，其旅行时 $t_{\rm ra}$ 为

$$t_{\rm ra} = 2\frac{H_1}{V_1\cos\theta} + \frac{X - 2H_1\mathrm{tg}\theta}{V_2} = t_{\rm ra}(X, H_1) \tag{5-10}$$

校正后的折射波旅行时 $t'_{\rm ra}$ 为

$$t'_{\text{ra}} = 2\frac{H_1 - H}{V_1 \cos\theta} + \frac{X - 2(H_1 - H)\text{tg}\theta}{V_2}$$
$$= \left(2\frac{H_1}{V_1 \cos\theta} + \frac{X - 2H_1\text{tg}\theta}{V_2}\right) - \left(2\frac{H}{V_1 \cos\theta} + \frac{0 - 2H\text{tg}\theta}{V_2}\right)$$

即有

$$t'_{\text{ra}} = t_{\text{ra}}(X, H_1) - t_{\text{ra}}(0, H) \tag{5-11}$$

则折射波的理论校正量 S_{ra} 为

$$\begin{aligned} S_{\text{ra}} &= t_{\text{ra}} - t'_{\text{ra}} \\ &= t_{\text{ra}}(X, H_1) - \left(t_{\text{ra}}(X, H_1) - t_{\text{ra}}(0, H)\right) \\ &= t_{\text{ra}}(0, H) \end{aligned} \tag{5-12}$$

通常认为，静校正量的不同仅与基准面的选择有关，选择不同的基准面时，静校正量之间仅相差一个常数，式（5-5）计算的地表一致性静校正量确实如此。但通过式（5-9）、式（5-12）计算的理论静校正量可以看出，真实的静校正量不仅与基准面的选取有关，还与炮检距及地震波的穿透深度有关。静校正量不仅是空变的，还是时变的，这使静校正看起来有了一些动校正的痕迹。

结合式（5-5）、式（5-9）和式（5-12），对于水平均匀层状介质，可以得出以下结论：

（1）以上结论总结了实际反射波校正量、折射波校正量与传统的基准面校正量之间相理论上反射波静校正量和折射波静校正量的不同；在其他条件不变的情况下，基准面离地面越远，静校正量绝对值越大。

（2）来自同一折射界面的折射波，其校正量 S_{ra} 只与基准面厚度 H 有关，并不随炮检距发生变化。来自不同折射界面的折射波具有不同的校正量，对于一定的基准面，校正量的值取决于折射界面上下的速度关系。在同一道内，折射波的静校正量随着折射界面深度的增大而减小。

（3）来自同一反射界面的反射波，其校正量 S_{re} 不仅与基准面厚度有关，还与炮检距有关。来自不同反射界面的反射波具有不同的校正量，同一道上来自不同反射界面的反射波的校正量之差不为常量。

（4）对同一基准面，若基准面在地面以下（$H>0$），来自同一反射界面的反射波的静校正量随着偏移距的增大而增大；若基准面在地面以上（$H<0$），来自同一反射界面的反射波的静校正量随着偏移距的增大而减小。对同一基准面，同一道内反射波校正量随着反射界面深度的增大而减小。

（5）在零偏移距处（$X=0$），反射波的理论静校正量与地表一致性静校正量相同。来自同一反射界面的反射波，其理论静校正量与基准面校正量的偏差将随着偏移距的增大而增大，但偏差变化的幅度越来越小。

（6）若基准面厚度 H 的值相同，则基准面在地表之下时基准面校正量与理论校正量的误差比基准面在地表之上时大。在地震资料处理中，通常都以资料中最高点的高程作为水平基准面的高程，某种意义上讲，这也减小了基准面校正带来的误差。

可以看出，传统的静校正方法并不能真正做到消除低速带对反射波和折射波旅行时的影响，它只是一种近似，与实际情况之间存在着偏差。

5.1.2　典型模型分析

为了进一步量化分析常规地表一致性静校正和实际非地表一致性静校正量的差别，将通过典型模型对这种差别进行分析。为了更好地说明低降速带速度、厚度及地表起伏对静校正误差造成的影响，下面分别通过理论模型计算及正演模拟数据进行地表一致性静校正误差的分析。

5.1.2.1　理论模型计算

为了进一步讨论不同模型下非地表一致性因素的影响，对不同近地表参数进行了理论计算。为了更好地说明问题，使用两层简单模型进行计算，认为第一层为低降速带，第二层为高速层，将基准面定为第一层底界面。将根据式（5-5）和式（5-9）分别计算的地表一致性静校正量和非地表一致性静校正量进行对比分析。计算结果如下。

1. 改变第一层的厚度，其他参数不变

第一层：厚度分别为 100m、400m、600m。速度为 1200m/s。

第二层：厚度为 1000m。速度为 2100m/s。

从图 5-2 可以看出，在第一层厚度较小时，静校正误差较小。随着厚度的增加，静校正量误差急剧增加。在厚度为 400m 时，模型参数计算获得的一致性静校正量达到 100ms 的静校正误差，使用常规地表一致性静校正方法难以获得好的静校正效果。

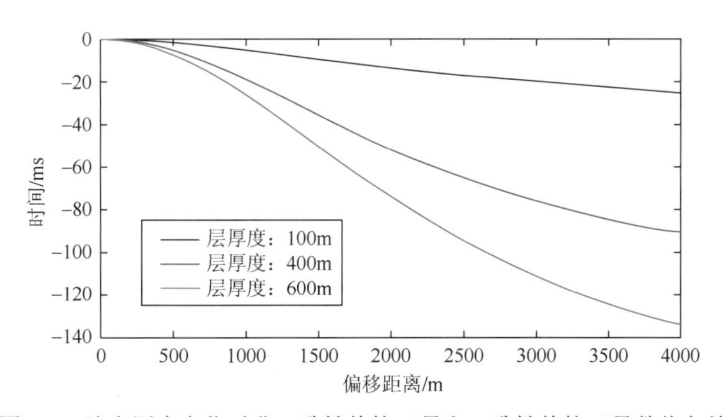

图 5-2　地表厚度变化时非一致性静校正量和一致性静校正量数值之差

在近地表厚度不是特别大的地区，地表一致性静校正量计算误差可以接受。当地形起伏比较小，低速带和高速层速度差异明显，且低速带厚度超过 200m 时，为了保证浅层成像效果，建议采用非地表一致性静校正方法。如果无浅层成像需求，则能够允许的低降速带厚度更大。

2. 改变第一层的速度，其他参数不变

第一层：厚度为 100m，速度分别为 1200m/s、1700m/s、2200m/s。

第二层：厚度为 600m，速度为 3500m/s。

从图 5-3 可以看出，随着第一层速度和第二层速度差异的减小，静校正量误差逐渐增加。但由于选择的模型低速带厚度只有 100m，地表一致性静校正量整体误差较小。通过这个例子可以看出，低速带厚度变化对静校正量误差的影响要比速度对静校正量误差的影响更为明显。在低降速带厚度较小的地质条件下，选择地表一致性静校正方法就可以解决静校正问题。

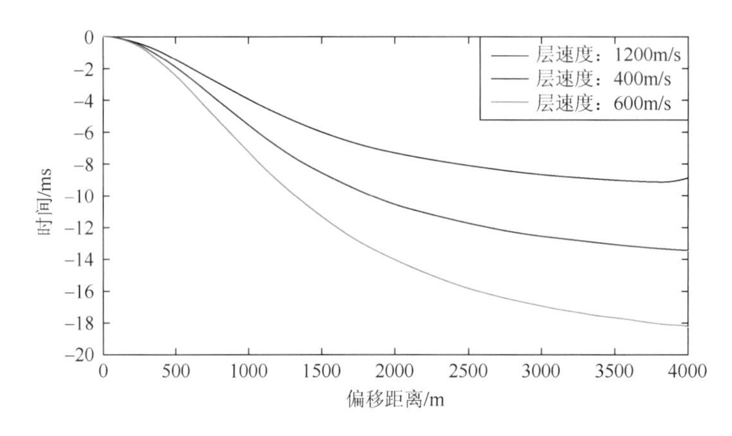

图 5-3　地表速度变化时非一致性静校正量和一致性静校正量数值之差

3. 改变第二层的厚度，其他参数不变

第一层：厚度为 100m，速度为 1500m/s。

第二层：厚度分别为 300m、900m、1500m，速度为 3000m/s。

从图 5-4 可以看出，随着目的层深度的增加，地表一致性静校正误差越来越小，这主要是当目的层深度增加时，地震波的出射角度变小，使得出射射线垂直出射的假设更加符合实际情况。

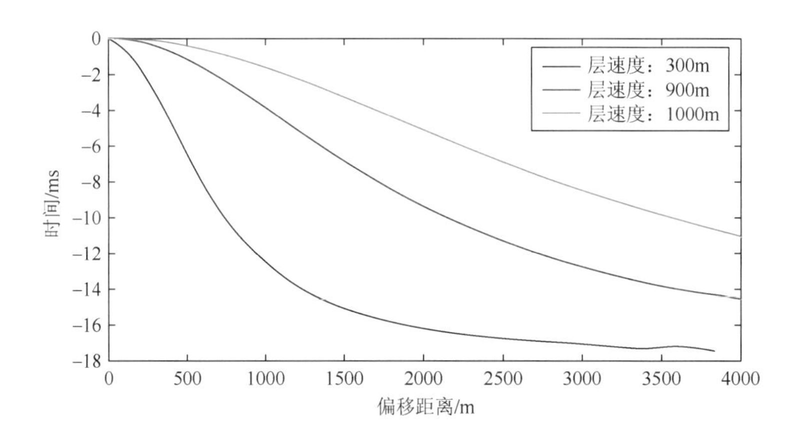

图 5-4　目的层深度变化时非一致性静校正量和一致性静校正量数值之差

在目的层比较深的条件下，一致性静校正误差较小。

4. 改变第二层的速度，其他参数不变

第一层：厚度为 100m，速度为 1500m/s。

第二层：厚度为 1000m，速度分别为 2000m/s、2500m/s、3200m/s、4000m/s。

从图 5-5 可以看出，在高速层速度由小变大，高速层速度与低速带速度差异越来越大时，地表一致性静校正误差越来越小。在满足低速带厚度不是很大，低速带速度和高速层速度差异较大条件的地震模型下，地表一致性方法完全可以解决静校正问题。

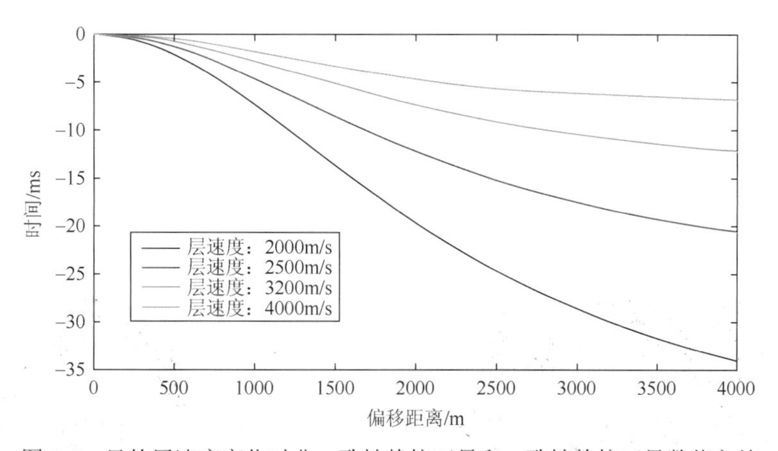

图 5-5　目的层速度变化时非一致性静校正量和一致性静校正量数值之差

5. 比较贴近地表一致性情况的速度和厚度模型

第一层：厚度为 100m，速度为 1800m/s。

第二层：厚度为 600m，速度为 2500m/s。

从图 5-6 可以看出，该计算模型参数近地表厚度较小，近地表速度和高速层速度有明显差异，目的层深度也较深。比较贴近地表一致性假设条件。在该模型下，计算得到的一致性静校正误差最大在 30ms 左右。因此，在大多数近地表不是特别复杂的地区，使用地表一致性静校正方法就可以解决采集资料存在的静校正问题。

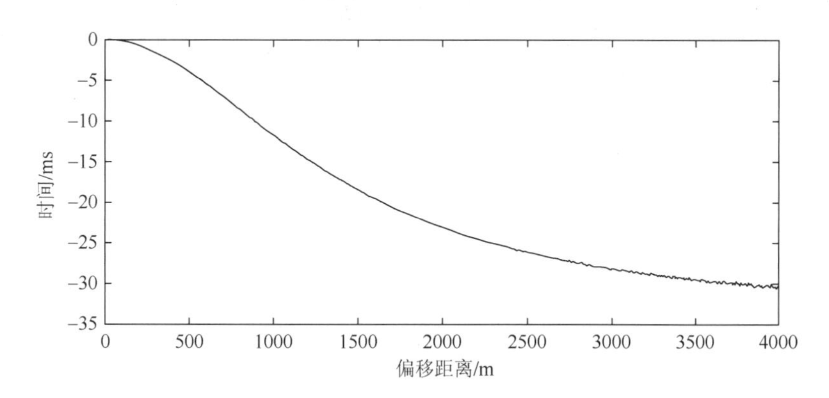

图 5-6　某典型模型非一致性静校正量和一致性静校正量数值之差

通过前面实例分析可以看出，在反射层较浅、偏移距较大、近地表速度较高等条件下，地表一致性静校正方法计算的静校正量和实际静校正量存在较大差异，这种差异会对资料的处理造成较大影响。

5.1.2.2　正演数据分析

为了更好地说明一致性静校正和非一致性静校正量之间的差异，使用正演软件获得正演模拟记录。使用高程静校正量结果作为地表一致性静校正结果，将炮点和检波点放置在基准面上获得的正演数据作为标准非一致性静校正结果。将两个数据进行比对，可以观察到两种静校正方法计算校正量的特点。

图 5-7 展示的结果可以看出一致性静校正和非一致性静校正对各层的影响不同。从图 5-7 中最下方红线对应波形可以看出，对深层的记录校正量基本一致，但是浅层的两根线对应波形可以明显看出位置不同，这表明两种静校正对浅层的影响产生了较大的差异，这种差异大到在记录中无法忽视。

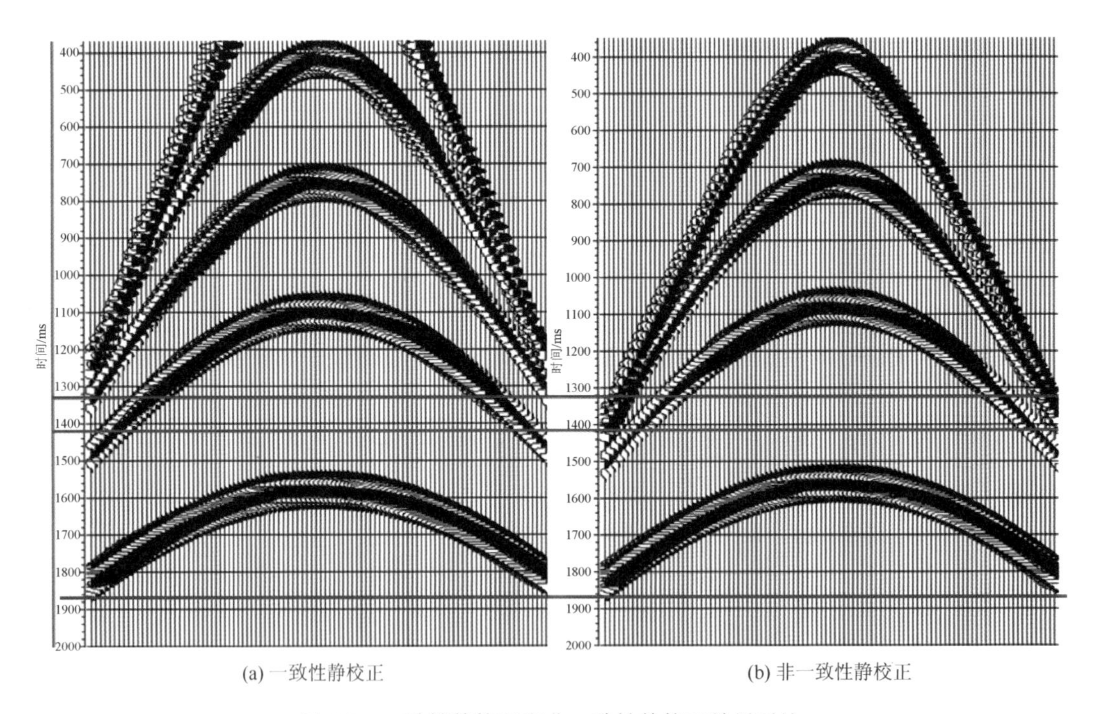

(a) 一致性静校正　　(b) 非一致性静校正

图 5-7　一致性静校正和非一致性静校正结果对比

从图 5-7 和图 5-8 可以看出，地表一致性静校正过后，地震剖面已经有了很大的改善，同相轴也变得平滑。这也是目前地表一致性静校正应用广泛的原因之一。在图 5-8 中可以看出，浅层的反射经过一致性静校正处理变得平滑，但是需要注意的是，虽然同相轴变得平滑了，但与非一致性静校正获得的同相轴有明显的差异。这可以理解为，在实际数据处理中，经过一致性静校正处理，同相轴也变得平滑了，并且在后期的速度分析和成

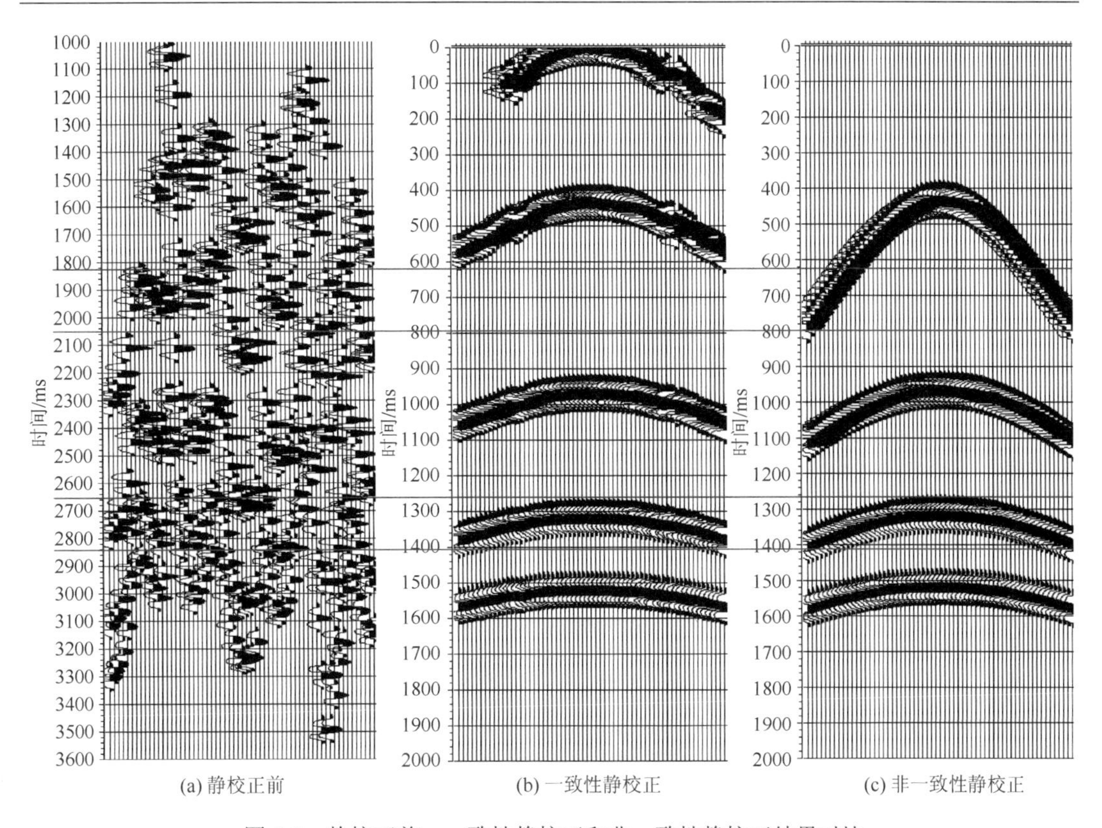

图 5-8　静校正前、一致性静校正和非一致性静校正结果对比

像中也有很大的改善，但是非一致性静校正理论数据表明，那可能是存在错误的结果。当然，在较深的目的层，一致性静校正和非一致性静校正结果吻合。在生产中，关心的目的层通常在较深的位置，因此，使用地表一致性静校正方法也可以解决静校正问题。但是，当需要获得浅层的准确成像结果时，非地表一致性静校正就很有必要了。

在近地表条件特别复杂的地区，地表一致性原理的静校正方法得到的校正量与实际的校正量发生偏差，因而无法有效地消除低速带对地震波旅行时的影响。经过以上的理论计算和模型分析，可以得到以下几点结论：

（1）地表一致性静校正方法获得的静校正量与理论计算的静校正量存在偏差。在某些情况下，这种偏差会大到影响反射波成像质量的程度。因此，在山区等地表情况复杂的地区，有必要使用非地表一致性的静校正方法或对现有方法进行改进，使之更接近于实际情况。

（2）静校正量不仅仅取决于基准面的选择，还依赖于偏移距及地震波传播的路径，静校正量不仅是随着炮点和检波点空间位置的变化而变化，它还随地震波传播时间的不同而不同。这就是说，静校正量不仅是空变的量，还是时变的量。

（3）基准面离炮点和检波点的原始位置越远，地表一致性假设造成的偏差就越大，通过有针对性的选取适当的基准面，可以使相应层位的校正量与基准面校正量的偏差减小，有利于这些层位的叠加成像。

（4）使用不同的地震波信息进行地表一致性静校正得到的结果是不同的，计算得到的校正量与所选用的地震波的实际校正量比较接近，有利于这些地震波的叠加成像，但可能使别的地震波的成像出现问题。因此，可以根据目标层位的不同来选择不同的静校正方法。

5.2　波场延拓理论基础

5.1 节讨论了地表一致性假设对静校正量的影响。可以看到在实际资料中这种假设总是存在误差。特别是在一些地表条件复杂的地区，如低速带速度较高、巨厚的低速带、基岩出露、地形起伏等情况下，地表一致性假设对静校正带来的误差往往无法容忍。使用常规的地表一致性方法无法解决非地表一致性静校正问题，即使在常规的地表一致性方法上进行改进也无法从根本上解决非地表一致性静校正问题。从根本上解决非地表一致性静校正问题的方法只有一种，那就是波场延拓静校正。波场延拓静校正又称为波场延拓表层模型静校正，是根据反演得到的表层速度和厚度结构，使用波动方程将地震资料延拓到某个观测面，如图 5-9 所示，从而实现静校正的目的。表层速度和厚度结构通常使用层析反演求取。通过使用层析获得的速度模型对叠前数据进行延拓，完成静校正处理。

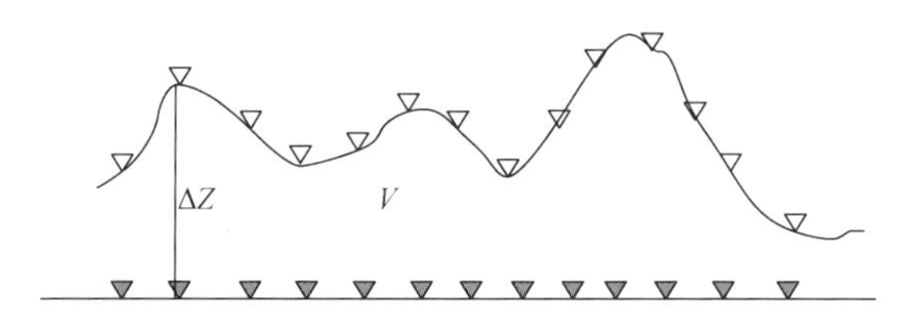

图 5-9　波动方程延拓静校正示意图

在静校正中，需要将非规则地表、非均匀表层对地震反射波的影响消除掉。由于不同深度的反射波在表层的传播路径不一致性，用射线方法追踪射线路径求取表层对各层反射波的影响时差是很困难的，若用波动理论来解决表层模型校正问题，不但可使问题得到解决，而且还可适应任意表层速度模型结构，保证表层模型校正精度。用波动方程解决表层模型校正就是通过波场延拓方法将非均匀的表层剥掉。一般地表地形是已知的，由层析反演得到的表层速度和地下高速层顶界（或低、降速层底界）也是已知的。首先用三维波动方程将非规则地表接收的波场逐层向下延拓到高速层顶界（高速顶界也可为非规则形状），等效于剥离了表层介质，若要适应常规处理需求，还可用替换速度将炮点和接收点向上延拓到基准面（基准面可设置为平面或曲面）。由于波场延拓具有对不同波和不同模型的自适应性，在炮点和接收点向下或向上移动（波场反向或正向延拓）过程中，不同深度的反射波发生不同的变化，这种结果从时差校正的角度看就是变时差校正，这是多年来人们已认识到但无条件解决的问题。若从波场特征角度看，由于不同深度的反射波具有不同的波场特征，各层的反射波波场特征中也包含着反射层的速度信息，若用常规静校正方法将整个道记录按常量校正时间移动，就会使波场特征与层位深度张冠李戴，不但破坏了反射波的波动特征，而且用这种畸变的波场求取的速度偏差会较大。而波动方程波场延拓校正由于具有自适应性，可使波场特征随上、下延拓而自适应变化，不但能使波场保持波动特征不变，而且能从校正后的波场中求取真实的速度，这一特点对后续的波动方程叠前深度偏移至关重要。

5.2.1　裂步傅里叶（SSF）方法

波动方程有两个解，一般表示为 $\{\exp[-\mathrm{i}\omega(t \pm r/v)]\}/r$ ，其中 r 是从源点到观测点的距离。在地震勘探中一般取深度方向向下为 z 轴正向。向 z 轴正向传播的地震波称为下行波，用 $\{\exp[-\mathrm{i}\omega(t-r/v)]\}/r$ 表示。向 z 轴负向传播的波为上行波，用 $\{\exp[-\mathrm{i}\omega(t+r/v)]\}/r$ 表示。下行波即为入射波，上行波为反射波，为了利用波动方程外推波场，需要把波动方程分解为上行波和下行波方程，然后才能利用它们进行波场外推。考虑经典的声波方程：

$$\frac{\partial^2 P}{\partial x^2}+\frac{\partial^2 P}{\partial y^2}+\frac{\partial^2 P}{\partial z^2}=\frac{1}{v^2}\frac{\partial^2 P}{\partial t^2} \tag{5-13}$$

其中，P 为纵波压力波场，$v=v(x,y,z)$ 为纵波波速，对式（5-13）进行三维傅里叶变换，利用时间偏导数与频率的对应关系 $\partial/\partial t \leftrightarrow -\mathrm{i}\omega$ 得到：

$$\left(\frac{\partial^2}{\partial x^2}+\frac{\partial^2}{\partial x^2}+\frac{\partial^2}{\partial x^2}+\frac{\omega^2}{\partial x^2}\right)\tilde{P}=0 \tag{5-14}$$

式中，$\tilde{P}$——频率域纵波压力波场；

ω——角频率。

利用波散关系 $k_x^2+k_y^2+k_x^2=\omega^2/v^2$ 对式（5-14）进行算子分解得到：

$$\left(\frac{\partial}{\partial z}-\mathrm{i}k_z\right)\left(\frac{\partial}{\partial z}+\mathrm{i}k_z\right)\tilde{P}=0 \tag{5-15}$$

其中，$k_z=\sqrt{\frac{\omega^2}{v^2}-\frac{\partial^2}{\partial x^2}-\frac{\partial^2}{\partial y^2}}$ 即单平方根算子，由式（5-15）可以得到：

$$\frac{\mathrm{d}\tilde{P}}{\mathrm{d}z}=\pm\mathrm{i}k_z\tilde{P} \tag{5-16}$$

其中，正号代表上行波方程，负号表示下行波方程。将式（5-16）中的上行波方程改写为如下形式：

$$\frac{\mathrm{d}\tilde{U}}{\tilde{U}}=\mathrm{i}k_z\mathrm{d}z \tag{5-17}$$

其中，$\tilde{U}$ 表示上行波场，对式（5-17）两边取积分，积分限为 z 和 $z+\Delta z$，得到积分结果：

$$\frac{\tilde{U}(z+\Delta z)}{\widetilde{U(z)}}=\mathrm{e}^{\mathrm{i}k_z\Delta z} \tag{5-18}$$

由此可以得出上行波的正、反向外推公式：

$$\begin{cases}\text{上行波正向外推：}\tilde{U}(z)=\tilde{U}(z+\Delta z)\mathrm{e}^{-\mathrm{i}k_z\Delta z}\\ \text{上行波反向外推：}\tilde{U}(z+\Delta z)=\tilde{U}(z)\mathrm{e}^{\mathrm{i}k_z\Delta z}\end{cases} \tag{5-19}$$

同理将式（5-16）中的下行波方程改写并取积分，积分限为 z 和 $z+\Delta z$，可以类似地得到下行波的正、反向外推公式：

$$\begin{cases}\text{下行波正向外推：}\tilde{D}(z+\Delta z)=\tilde{D}(z)\mathrm{e}^{-\mathrm{i}k_z\Delta z}\\ \text{下行波反向外推：}\tilde{U}(z)=\tilde{U}(z+\Delta z)\mathrm{e}^{\mathrm{i}k_z\Delta z}\end{cases} \tag{5-20}$$

当地下介质为常速或者是水平层状时利用式（5-19）、式（5-20）即可精确地延拓波场，然而当介质存在横向变速时上述公式无法直接使用，因为单平方根算子 $k_z=\sqrt{\dfrac{\omega^2}{v^2}-\dfrac{\partial^2}{\partial x^2}-\dfrac{\partial^2}{\partial y^2}}$ 中需要给出一个延拓速度，如果介质是常速或者是水平层状（即在 x，y 方向上不存在变速）可以确定一个唯一的延拓速度 v，但是横向变速时在深度 z 平面上介质速度不唯一，无论选择什么速度进行延拓都会存在较大误差。

为了解决横向变速问题可以考虑在双域进行波场延拓，即先选定一个背景速度 v_0（通常取 z 平面的介质平均速度）在频率波数域按照上一节的相移公式外推波场，然后通过逆傅里叶变换将波场变回到频率空间域根据空域慢度与背景慢度的差进行一次校正，这种方法称为裂步傅里叶（SSF）方法。其中频率空间域的慢度校正公式为

$$\tilde{U}(z+\Delta z)=\widetilde{U_0}(z+\Delta Z)\mathrm{e}^{\mathrm{i}\omega\Delta S\Delta Z} \tag{5-21}$$

其中，$k_{z0}=\sqrt{\dfrac{\omega^2}{{v_0}^2}-\dfrac{\partial^2}{\partial x^2}-\dfrac{\partial^2}{\partial y^2}}$，$v_0$ 为延拓时选择的背景速度，$\Delta s=\dfrac{1}{v}-\dfrac{1}{v_0}$ 为慢度修正量。慢度校正 SSF 方法可以适用于横向变速的介质。SSF 方法进行波场延拓的流程如图 5-10 所示。算法执行过程如下：

（1）输入原始地震记录和速度模型。

（2）利用快速傅里叶变换将地震记录变换到频率域 $F^{+}(t\to\omega)$。

（3）确定计算的频率范围 $[\omega_0,\omega_n]$ 以及频率增量 $\Delta\omega$，循环执行式（5-16）～式（5-20）。

（4）在深度范围 $[z_0,z_n]$ 间以增量 Δz 循环执行式（5-17）～式（5-20）。

（5）将波场变换到频率波数域 $F^{+}(x,y\to kx,ky)$。

（6）遍历 k_x 和 k_y，按照波场外推公式（5-19）或式（5-20）进行波数域相移。

（7）利用逆傅里叶变换 $F^{-}(x,y\to kx,ky)$ 将波场变换回频率空间域。

（8）遍历 x 和 y 在频率空间域利用公式（5-21）进行慢度校正。

一般 SSF 方法用于横向变速不大的情况。横向变速剧烈时，可以采用傅里叶有限差分方法进行延拓。

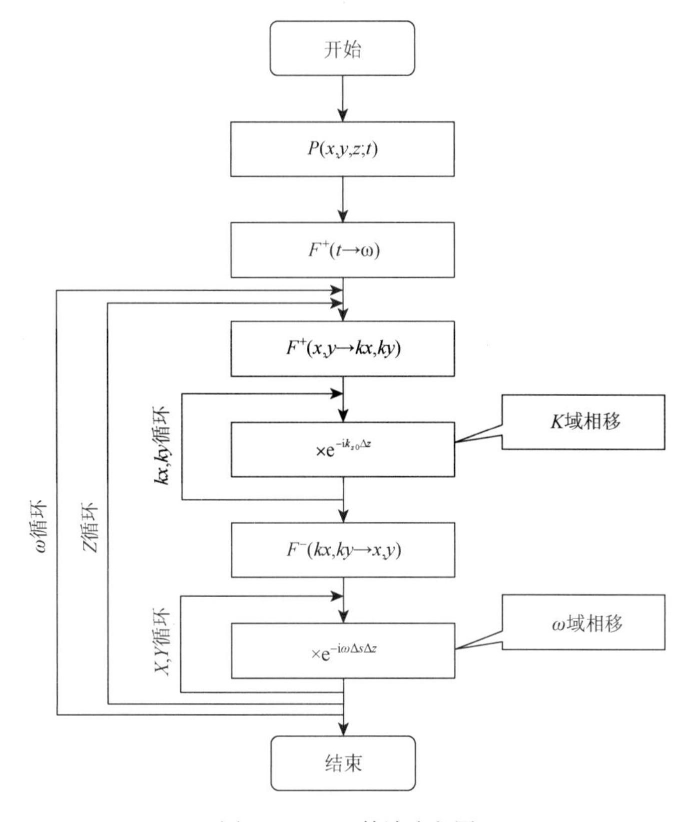

图 5-10　SSF 算法流程图

5.2.2　傅里叶有限差分（FFD）方法

SSF 方法通过双域延拓，在波数域进行相移，在空间域进行慢度校正来解决横向变速问题，在横向变速不大的情况下基本可以满足实际需要，但是当速度变化较大时还是会产生很大误差。为了继续利用傅里叶方法的高效性，同时提高单程波算子的精度，可以对单平方根算子 $k_z = k_{z0} + \Delta k_z$ 的误差项 Δk_z 使用 Taylor 展开的方法，提高算子精度。围绕参考速度 v_0 和真实速度 $v = v(x, y, z)$ 分别进行二阶 Taylor 展开可得

$$
\left.\begin{aligned}
k_z &= \frac{\omega}{v}\left\{1+\frac{1}{2}\frac{v^2}{\omega^2}\left(\frac{\partial^2}{\partial x^2}+\frac{\partial^2}{\partial y^2}\right)-\frac{1}{8}\left[\frac{v^2}{\omega^2}\left(\frac{\partial^2}{\partial x^2}+\frac{\partial^2}{\partial y^2}\right)\right]^2+\cdots\right\}\\
k_z^0 &= \frac{\omega}{v_0}\left\{1+\frac{1}{2}\frac{v_0^2}{\omega^2}\left(\frac{\partial^2}{\partial x^2}+\frac{\partial^2}{\partial y^2}\right)-\frac{1}{8}\left[\frac{v_0^2}{\omega^2}\left(\frac{\partial^2}{\partial x^2}+\frac{\partial^2}{\partial y^2}\right)\right]^2+\cdots\right\}
\end{aligned}\right\} \tag{5-22}
$$

将式（5-22）代入方程 $\Delta k_z = k_z - k_{z0}$，并对二阶和四阶空间导数项使用连分式展开 $1+\mu \approx \dfrac{1}{1-\mu}$，可以得到三维 FFD 算子：

$$k_z \approx k_{z0} + \omega\Delta s + \frac{b\left(\frac{\partial^2}{\partial x^2}+\frac{\partial^2}{\partial y^2}\right)}{1+a\left(\frac{\partial^2}{\partial x^2}+\frac{\partial^2}{\partial y^2}\right)} \tag{5-23}$$

其中，$k_{z0}=\sqrt{\frac{\omega^2}{v_0^2}-\frac{\partial^2}{\partial x^2}-\frac{\partial^2}{\partial y^2}}$ 为背景速度的单平方根算子，$\Delta s=\frac{1}{v}-\frac{1}{v_0}$ 是空间域的慢度扰动项，$a=\frac{0.25(v^2+vv_0+v_0^2)}{\omega^2}$，$b=\frac{0.5(v-v_0)}{\omega}$。横向变速介质中的单程波方程可以被近似分解为三个串联的方程：

$$\frac{\partial P}{\partial z}=\mathrm{i}k_{z0}P \tag{5-24}$$

$$\frac{\partial P}{\partial z}=\mathrm{i}\omega\Delta SP \tag{5-25}$$

$$\frac{\partial P}{\partial z}=\frac{b\left(\frac{\partial^2}{\partial x^2}+\frac{\partial^2}{\partial y^2}\right)}{1+a\left(\frac{\partial^2}{\partial x^2}+\frac{\partial^2}{\partial y^2}\right)}P \tag{5-26}$$

式（5-24）是参考速度下的相移方程，在波数域完成；式（5-25）是慢度扰动有关的时移修正方程，用于校正主传播方向上由于引入参考速度引起的慢度扰动误差，在空间域进行；式（5-26）是有限差分校正项，用于校正垂直于主传播方向上的相位误差，也是在空间域进行。

式（5-24）和式（5-25）构成了 SSF 方法，可以完成大部分的相移及误差校正，在小倾角和弱横向变速介质中得到了广泛应用。但是该方法没有考虑速度随空间变化时的偏导数项，因此在横向强变速介质中有很大的横向相位误差。有限差分校正项式（5-26）的作用就是在 SSF 的基础上进行与高阶偏导数有关的相位误差修正。傅里叶有限差分（FFD）法算子只含有二阶空间偏导数，实际上却具有四阶空间偏导数精度。因此 FFD 方法将 SSF 和有限差分的优点结合在一起，既保持了隐式有限差分法适应速度横向变化的能力，又具有 SSF 稳定高效的优势。

利用 FFD 方法进行波场延拓首先用式（5-27）在频率波数域完成相移：

$$\widetilde{P}'(k_x,k_y,z+\Delta z;\omega)=\mathrm{e}^{\mathrm{i}k_{z0}\Delta z}\tilde{P}(k_x,k_y,z+\Delta z;\omega) \tag{5-27}$$

将相移后的波场 $\widetilde{P}'(k_x,k_y,z+\Delta z;\omega)$ 反变换回频率空间域，记为 $P'(k_x,k_y,z+\Delta z;\omega)$，并将其作为时移校正项的输入波场，可以得到 SSF 法的输出结果：

$$P(k_x,k_y,z+\Delta z;\omega)=\mathrm{e}^{\mathrm{i}\omega\Delta S\Delta z}P'(k_x,k_y,z+\Delta z;\omega) \tag{5-28}$$

最后，将 $P(k_x,k_y,z+\Delta z;\omega)$ 代入式（5-29）进行有限差分校正：

$$\frac{\partial P(k_x,k_y,z+\Delta z;\omega)}{\partial z}=\frac{b\left(\frac{\partial^2}{\partial x^2}+\frac{\partial^2}{\partial y^2}\right)}{1+a\left(\frac{\partial^2}{\partial x^2}+\frac{\partial^2}{\partial y^2}\right)}P(k_x,k_y,z+\Delta z;\omega) \tag{5-29}$$

输出结果即为从深度 z 经 FFD 法延拓到 $z+\Delta z$ 处的波场。将该结果作为下一深度的输入，并再次按照上面的算法进行延拓就可以得到更深一步的延拓结果。

直接按照式（5-29）计算三维有限差分工作量十分巨大，通常做法是将三维差分进行变量分离，然后利用两个串联的二维有限差分近似实现，这种方法称为交替方向法，又叫作双向分裂法。

二维有限差分是 FFD 算法最复杂的部分，同时也是实现三维双向分裂 FFD 算法的基础。经推导可以将二维有限差分方程简化为式（5-30）所示的三对角方程组：

$$P_l^{n+1}+c\frac{P_{l-1}^{n+1}-2P_l^{n+1}+P_{l+1}^{n+1}}{\Delta x^2}=P_l^n+\overline{c}\frac{P_{l-1}^n-2P_l^n+P_{l+1}^n}{\Delta x^2} \tag{5-30}$$

式中，P_l^n——经 SSF 方法得到的波场，下标 1 是其空间位置序号；

P_l^{n+1}——经有限差分修正后的波场，两个复共轭系数 $c=a-\frac{1}{2}\mathrm{i}b\Delta z$，$\overline{c}=a+\frac{1}{2}ib\Delta z$。

式（5-30）表示的是一个复三对角方程组，利用追赶法可以快速求解，因而 FFD 方法计算工作量与 SSF 法相差并不大，但在处理强横向变速介质的效果上却有显著提升。

对于三维情况可以使用双向分裂技术来进行处理，即将 SSF 法得到的波场依次沿 x 方向和 y 方向进行分裂，得到两个串联的二维有限差分方程，按照式（5-30）所示的三对角方程进行修正，记沿 x 方向处理的临时结果为 $P_{**}^{n+1}(x,y,z+\Delta z;\omega)$，将其作为初始量代入 y 方向再次进行修正可以得到双向分裂的结果 $P_*^{n+1}(x,y,z+\Delta z;\omega)$。双向分裂法将三维有限差分问题沿 x，y 方向分裂成串联的二维算子来近似全三维的运算具有很高的效率，但是会引入明显的分裂误差，为了减少分裂误差可考虑四向或者六向分裂，但是这会造成运算量成倍地提高，一种实用的方法是 ADIPI 技术，通过对双向分裂所产生的分裂误差进行分析，可以得到一个在频率波数域的分裂误差校正量 $\tilde{\varepsilon}=c^2k_x^2k_y^2\tilde{P}^{n+1}-\overline{c}^2k_x^2k_y^2\tilde{P}^n$，利用该误差项对双向分裂的结果在频率波数域进行校正可以得到：

$$\tilde{P}^{n+1}=\left(1+\frac{c^2k_x^2k_y^2}{1-ck_x^2-ck_y^2}\right)\tilde{P}_*^{n+1}-\frac{\overline{c}^2k_x^2k_y^2}{1-ck_x^2-ck_y^2}\tilde{P}^n \tag{5-31}$$

式中，$\tilde{P}^n$——上一深度 z 处频率波数域的波场；

$\tilde{P}_*^{n+1}$——$z+\Delta z$ 处经双向分裂法得到的波场；

$\tilde{P}^{n+1}$——经分裂项校正后的 $z+\Delta z$ 处的最终波场。

利用 ADIPI 技术可以在高效的双向分裂算法上简单地增加一次修正，该方法保持了双向分裂法高效的特点，同时大大提高了三维 FFD 算子的精度。

FFD 方法是对 SSF 法的扩展，它将有限差分与双域延拓思想相结合，具有较高的计算效率和很高的计算精度，能够适用于大倾角和强横向变速介质，是目前解决复杂构造的一种有力工具。利用 FFD 方法进行波场延拓的流程如图 5-11 所示，算法执行过程如下：

（1）输入原始地震记录和速度模型。

（2）利用快速傅里叶变换将地震记录变换到频率域 $F^+(t \to \omega)$。

（3）确定计算的频率范围 $[\omega_0, \omega_n]$ 以及频率增量 $\Delta\omega$，循环执行式（5-16）～式（5-21）。

（4）在深度范围 $[z_0, z_n]$ 间以增量 Δz 循环执行式（5-17）～式（5-21）。

（5）将波场变换到频率波数域 $F^+(x, y \to kx, ky)$。

（6）遍历 k_x 和 k_y，按照波场外推公式（5-19）或式（5-20）进行波数域相移。

（7）利用逆傅里叶变换 $F^-(x, y \to kx, ky)$ 将波场变换回频率空间域。

（8）遍历 x 和 y 在频率空间域利用公式（5-21）进行慢度校正。

（9）将慢度校正结果代入式（5-30）所示的方程，进行有限差分校正。

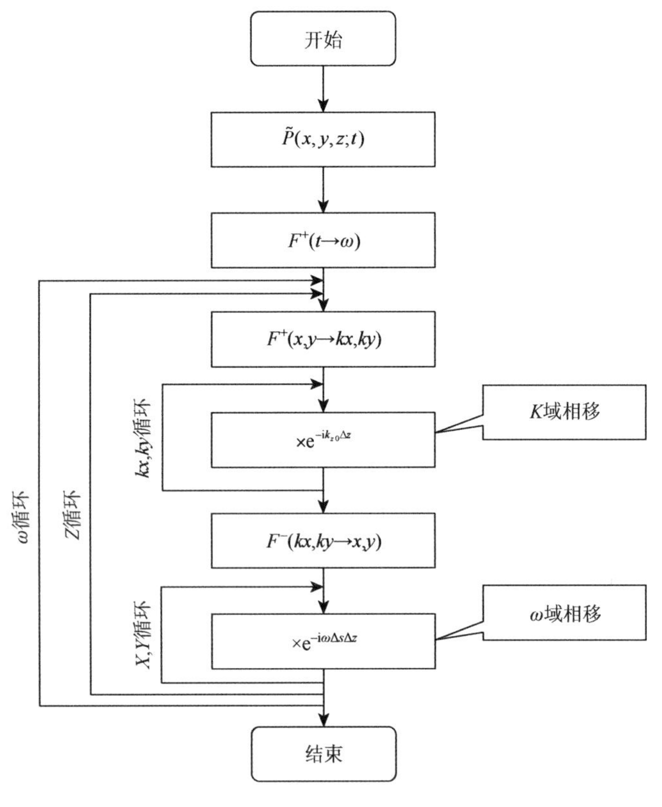

图 5-11　FFD 算法流程图

5.2.3　波动方程延拓静校正步骤

波动方程延拓静校正的物理过程就是将地表向下拓展，延拓到高速层顶界面，然后再从高速层顶界面延拓到一个给定的基准面上。李录明和罗省贤（2001，2005），崔庆辉等（2016）对波动方程延拓静校正方法的具体实施方法进行了讨论。

具体步骤如下：

（1）利用层析成像技术，获取近地表速度结构模型。

（2）把地震记录分排为共激发点道集和共检波点道集。

（3）在共检波点道集上，利用近地表速度结构模型，将对应同一检波点的所有激发点向下延拓到高速层顶界面。在向下延拓过程中，通过判断炮点位置和高速顶界面是否有交点，决定是将在此点接收波场记录加入总波场中，还是保留此界面上的波场值。

（4）使用替换速度，将炮点从高速顶界面向上延拓到水平基准面。在向上延拓过程中。通过判断炮点和水平基准面位置，决定是将接收波场记录加入总波场中，还是保留炮点在此界面上的波场值。

（5）将延拓后的数据重排，生成共激发点道集。

（6）在共炮点道集上，利用近地表速度结构模型，将所有检波点从地表向下延拓到高速顶界面。在向下延拓过程中，通过判断检波点位置和高速顶界面是否有交点，决定是将在此点接收波场记录加入总波场中，还是保留此界面上的波场值。

（7）采用替换速度。将检波点波场从高速顶界面向上延拓到水平基准面。在向上延拓的过程中，通过判断检波点位置和水平基准面位置，决定是将接收波场记录加入总波场中，还是保留检波点在此界面上的波场值。

（8）将延拓后的数据重排，生成共检波点道集。对激发点和检波点进行延拓后，炮点和检波点均在水平基准面上，消除了起伏地表和复杂近地表结构对数据的影响，即起伏和复杂地表结构的数据变成了水平、简单地表结构的数据。

具体实现流程图如图 5-12 所示。

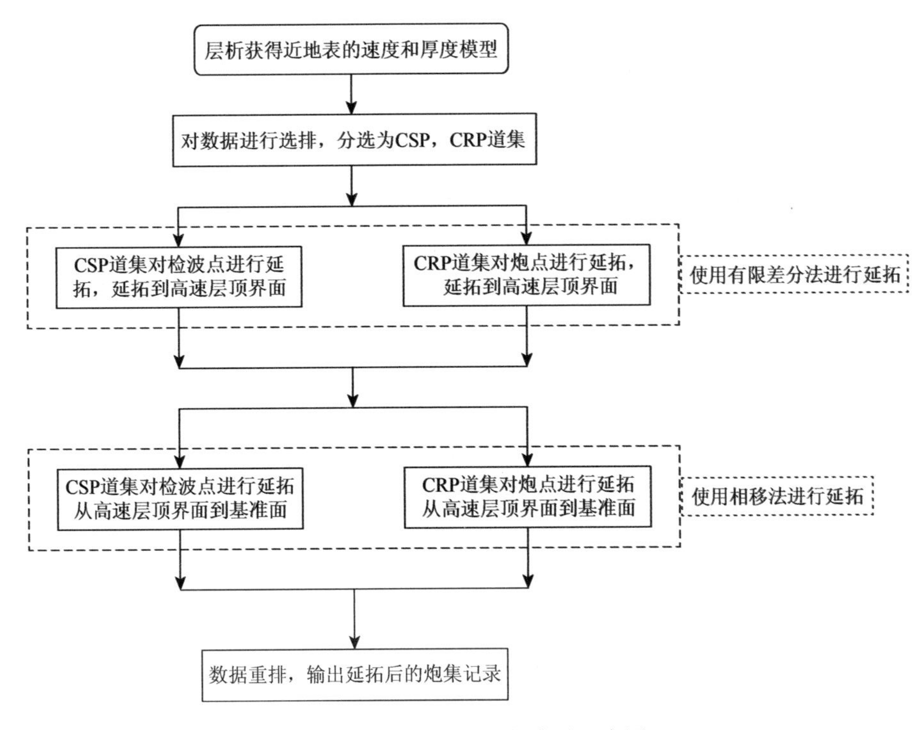

图 5-12　波动方程延拓步骤示意图

5.2.4　理论及实际数据验证

为了验证波场延拓静校正方法的效果，建立了如图 5-13 所示典型模型进行分析。该模型为一地表剧烈起伏，并伴有严重横向变速的地质模型，模型近地表高程差超过 500m。横向速度在 1500～3000m/s 剧烈变化。属于不满足地表一致性静校正条件的典型模型。

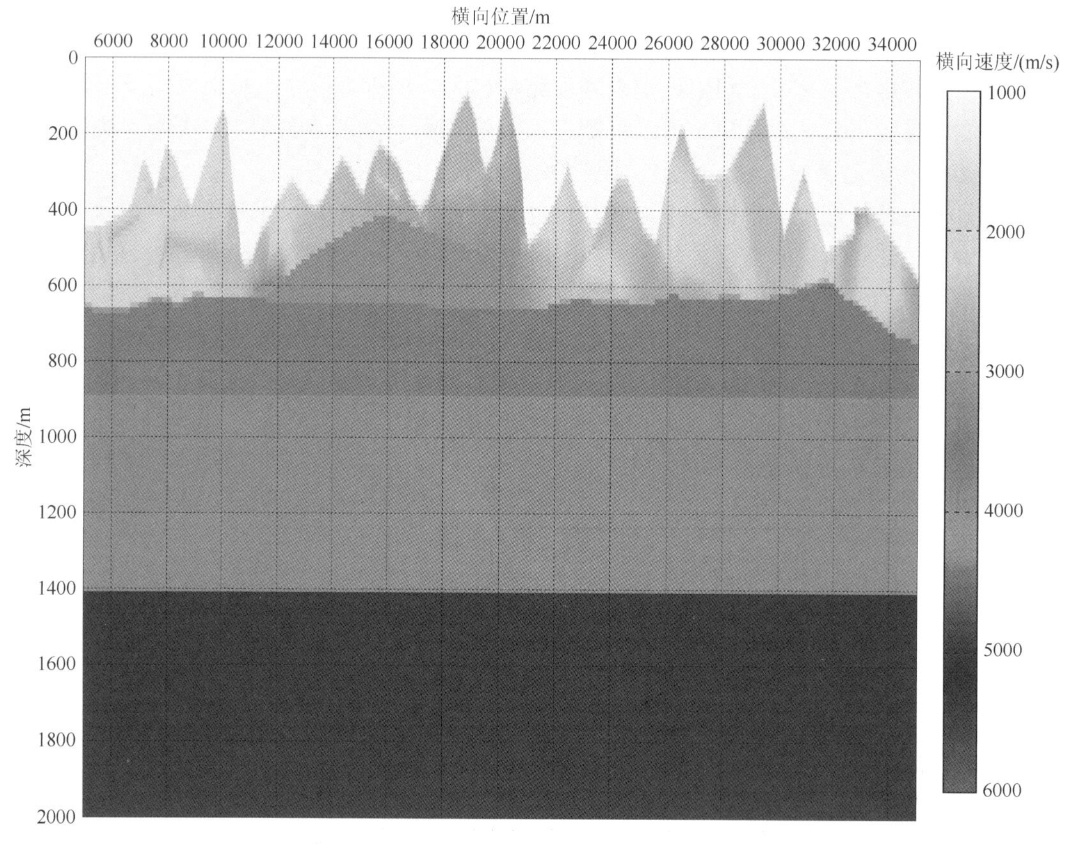

图 5-13　典型模型及速度信息

观测系统参数为：中间放炮，每炮 300 道，道距 30m，最小偏移距为 0，炮距 50m。图 5-14（a）为图 5-13 所示模型获得的单炮记录，从图 5-14（a）中可以看到，受地表速度和层厚不均匀性的影响，各层的反射同相轴畸变严重，如果不进行静校正处理，后期的速度分析无法获得准确的速度，进而影响到后期处理的每一个环节。前面已经讨论了在此类地形条件下常规地表一致性静校正量和实际静校正量的差别，在这里就不再赘述。下面，仅讨论当波场延拓后，地震记录的形态变化。图 5-14（b）展示了完成检波点域波场延拓到基准面时的静校正的效果，对比图 5-14（a）和图 5-14（b），可以看出延拓后，各层的反射同相轴都很好的恢复了双曲线形态。抽取共检波点道集如图 5-14（c）所示，完成炮域检波点延拓后，检波点道集中仍然存在炮点静校正量的影响。在共检波点道集中再进行一次炮点延拓，延拓结果如图 5-14（d）所示，静校正问题完全解决。此时炮点和检波点静校正量问题都已经解决，在此数据的基础上进行速度分析和叠加，会取得更加理想的效果。

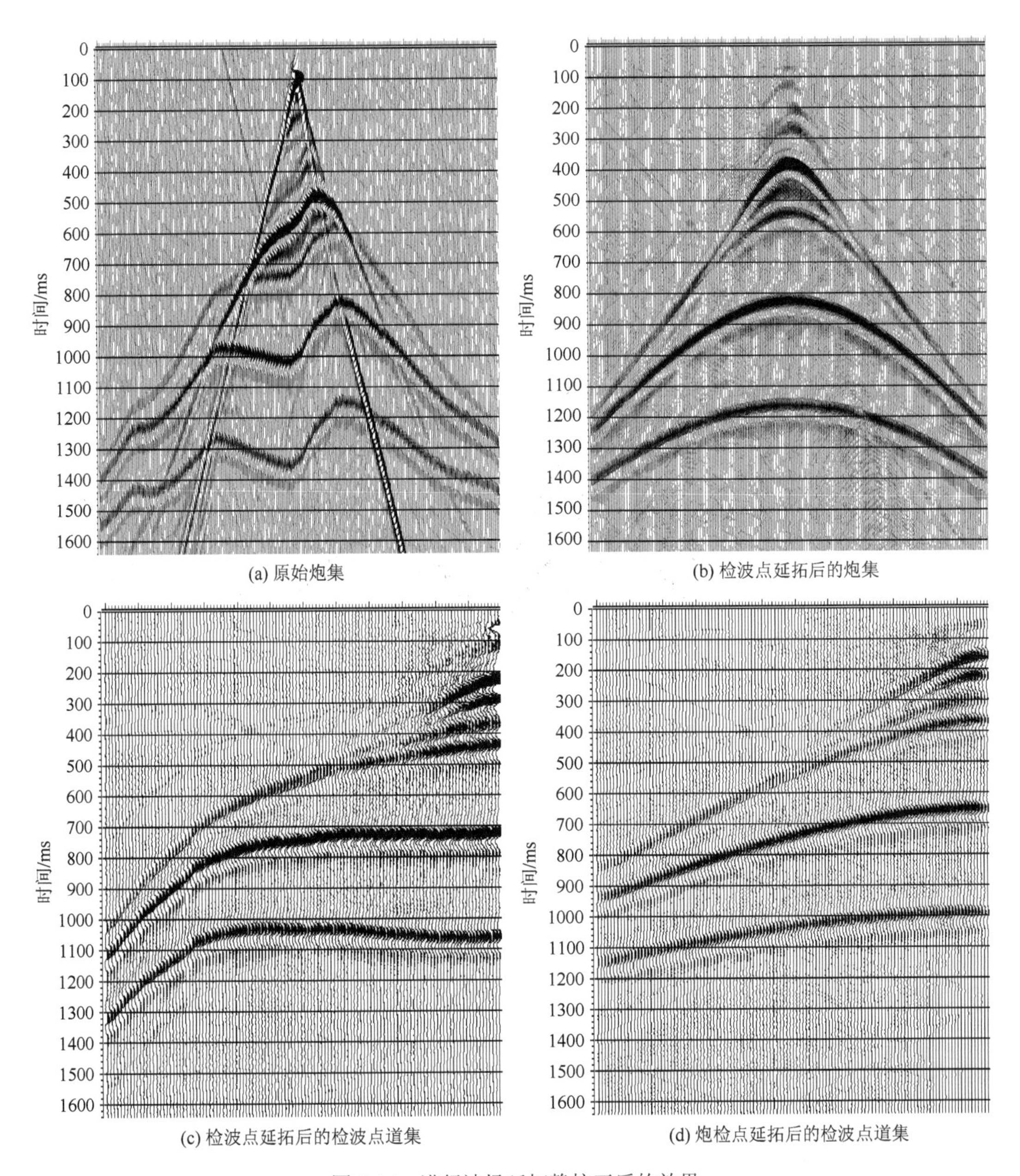

图 5-14　进行波场延拓静校正后的效果

图 5-15 为模型数据使用不同的静校正方法处理后的效果展示，从对比图 5-15 中可以看出，使用高程静校正可以消除大部分的静校正量，使双曲线基本恢复平滑。层析静校正效果更好，获得的双曲线和理论双曲线较吻合。波场延拓静校正处理效果

更好，除了能够恢复理论双曲线外，还通过延拓消除了一些噪声。恢复的反射轴和理论曲线一致。通过单炮地震记录处理可以看出，波场延拓静校正处理效果优于层析静校正。

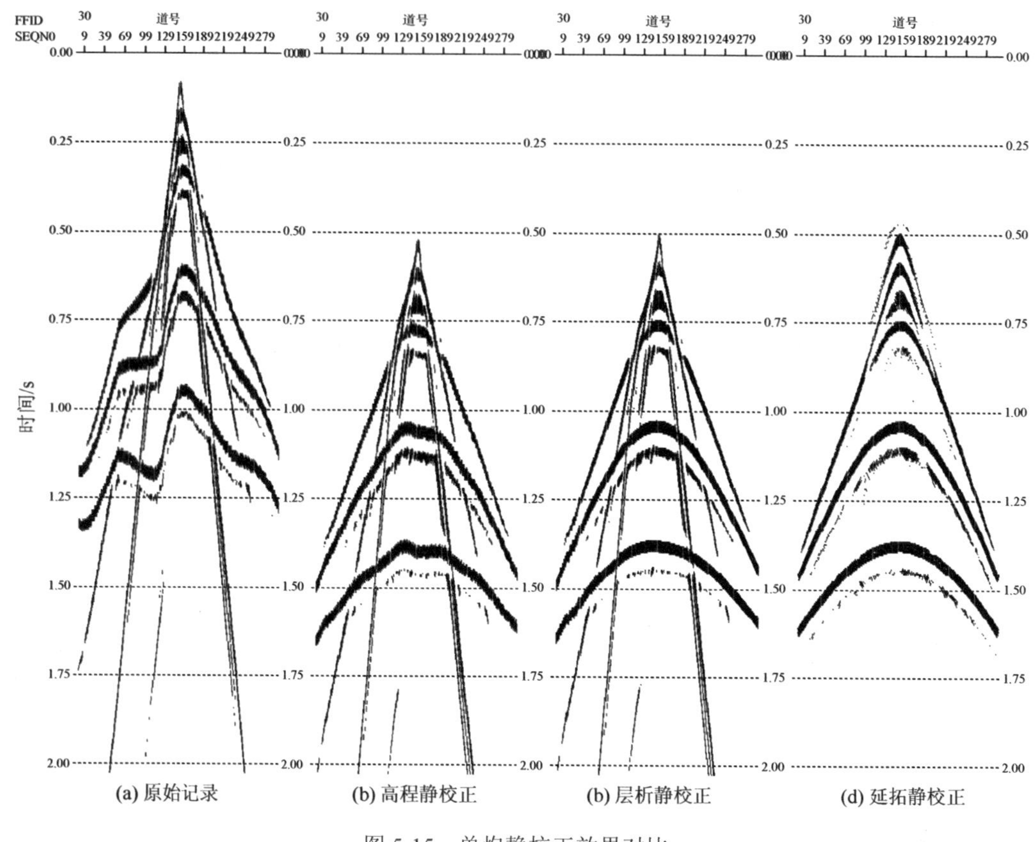

图 5-15　单炮静校正效果对比

图 5-16 为层析静校正和波场延拓静校正后的速度谱对比分析，从速度谱中可以看出，延拓后速度谱能量更加聚焦，速度分析效果更好。说明延拓静校正处理后的反射波更加符合双曲线形态。图 5-17 为层析静校正和波场延拓静校正后的叠加剖面对比，从图 5-17 中可以看出，层析静校正后地震记录叠加成像效果比较好，但是经过延拓静校正后的叠加剖面更好，特别是浅层非地表一致性静校正问题比较突出，波场延拓静校正后的叠加剖面更好地恢复出了地下的真实构造形态。

上述模型为近地表速度、厚度存在纵横向变化的典型地表，但是地下反射层为水平反射截面。下面建立一个近地表起伏、横向速度变化、地下反射界面起伏的复杂模型，用来分析波场延拓静校正的处理效果，模型如图 5-18 所示。该模型高速层出露地表，代表了典型的山区基岩出露地形。图 5-19 为该模型下波动方程正演获得的典型地震剖面，及使用层析静校正和波动方程延拓静校正后的对比效果图。

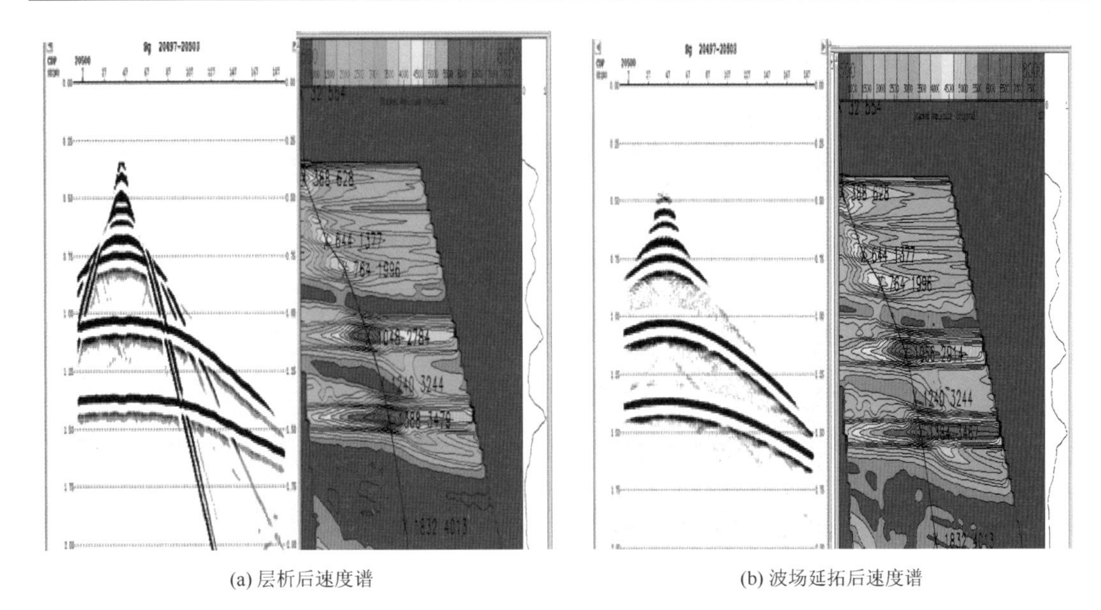

(a) 层析后速度谱　　(b) 波场延拓后速度谱

图 5-16　不同静校正方法处理后速度谱对比

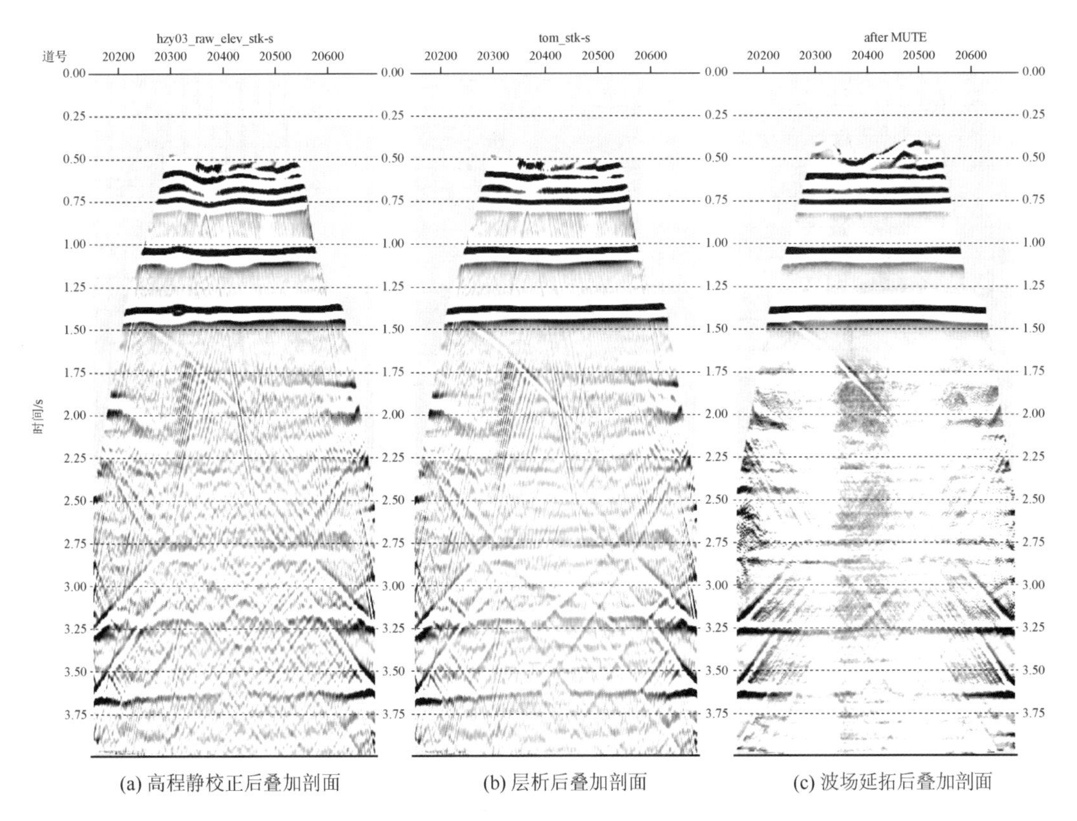

(a) 高程静校正后叠加剖面　　(b) 层析后叠加剖面　　(c) 波场延拓后叠加剖面

图 5-17　不同静校正方法处理后叠加剖面对比

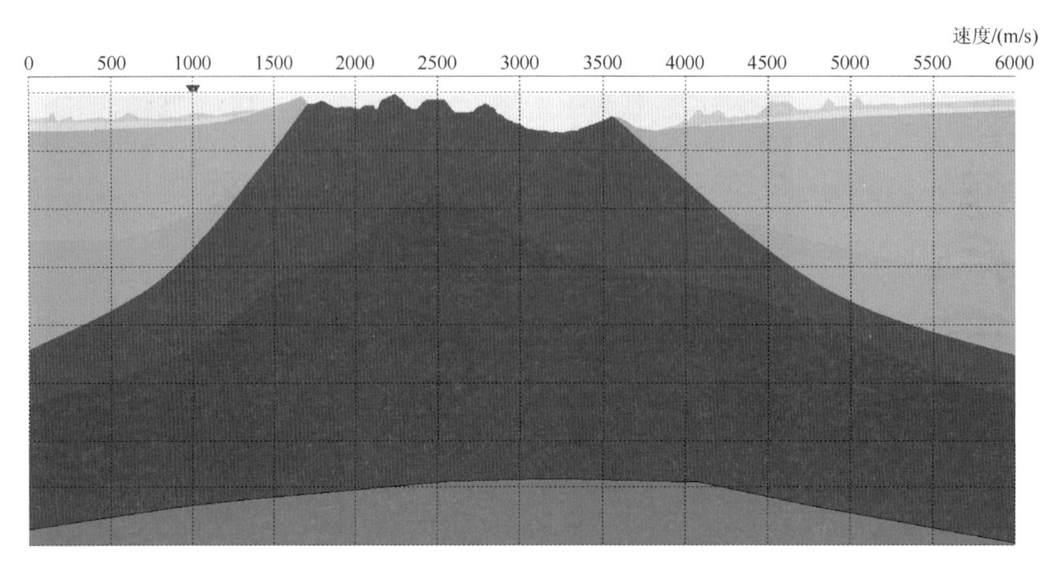

图 5-18　近地表起伏并存在横向速度变化，地下起伏的典型模型

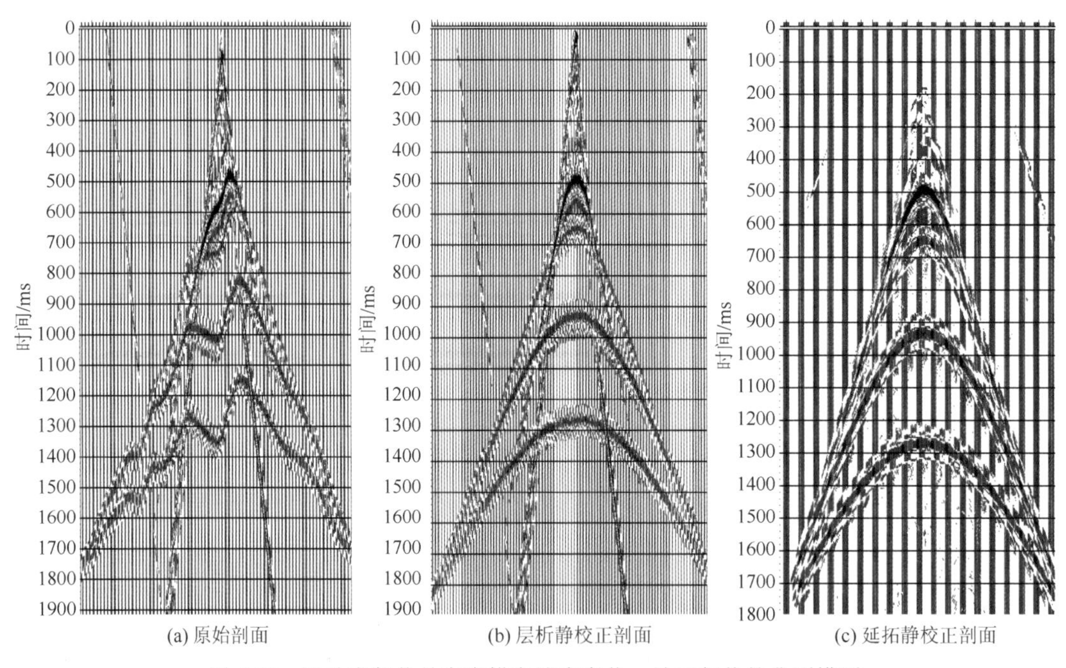

图 5-19　近地表起伏并存在横向速度变化，地下起伏的典型模型

图 5-19（a）可以看出，受地表起伏影响，单炮地震记录同相轴弯曲，存在严重的静校正问题。使用层析静校正处理后，同相轴基本平滑。但是通过前面的分析知道，虽然视觉上经过层析静校正后同相轴平滑了，但是实际存在非一致性静校正造成的差量。图 5-19（c）为延拓后的地震剖面，从图中可以看出，经过延拓后同相轴更加符合实际双曲线形态。

图 5-20 为模型正演数据经过层析静校正和波场延拓静校正处理后获得的叠加剖面，从叠加结果上可以看出，层析静校正在该模型下基本解决了静校正问题，成像效果较好。

但是使用波动方程延拓静校正处理后的效果更加理想，层析静校正叠加剖面中出现的同相轴错断现象，在波场延拓静校正处理后得到了很大的改善。对比图 5-20（a）和图 5-20（b）可以得出波场延拓静校正效果比层析静校正效果更好地结论。

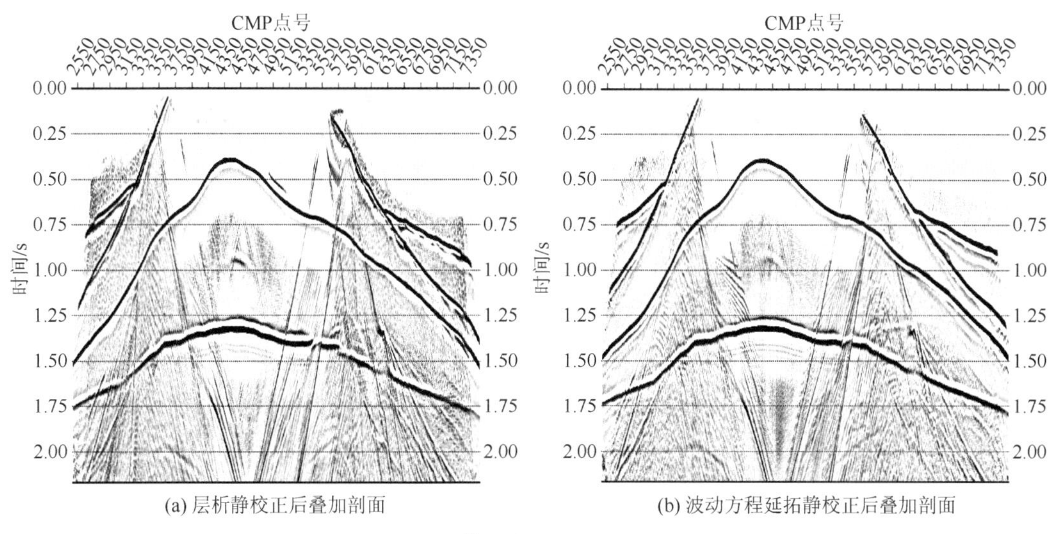

(a) 层析静校正后叠加剖面　(b) 波动方程延拓静校正后叠加剖面

图 5-20　模型资料叠加效果对比

为了更好地说明波场延拓静校正的实际效果，选择了一个实际资料进行处理。图 5-21 为该资料的近地表速度模型。使用该速度模型对实际数据分别进行层析静校正和波场延拓静校正，获得的叠加结果对比图如图 5-21 所示。

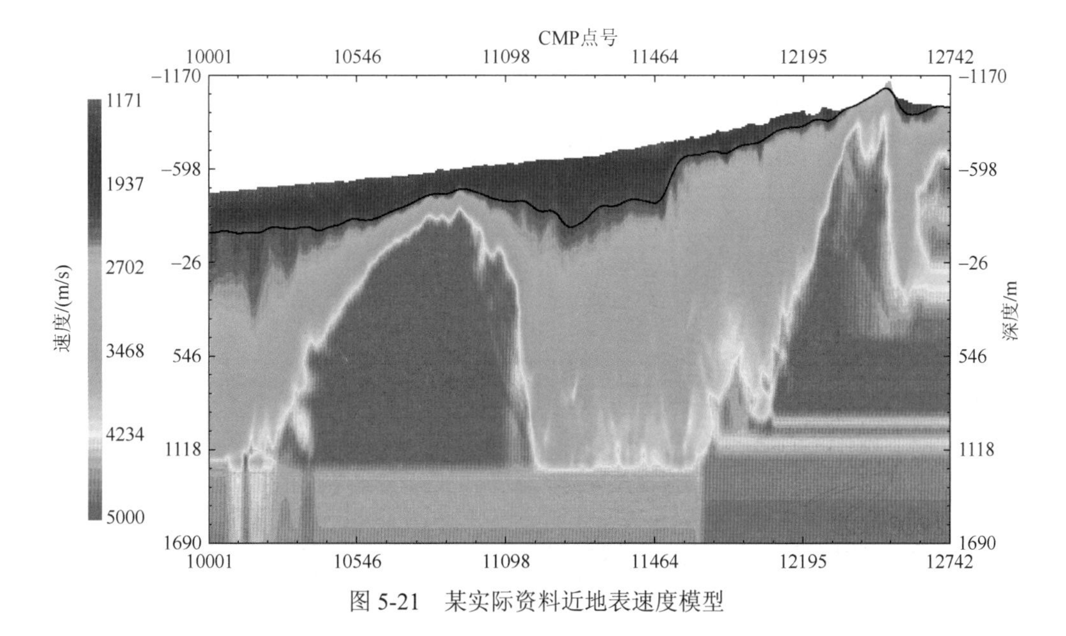

图 5-21　某实际资料近地表速度模型

层析静校正和波场延拓静校正效果差异明显，特别是在黑色框所示位置（图 5-22），波场延拓静校正叠加后同相轴更加连续，构造形态更加自然。而在相同位置，层析静校正同相轴凌乱，表现出静校正问题比较严重。对比不同静校正方法结果可以看出，使用波动方程波场延拓静校正方法可以解决复杂地质条件下的非地表一致性静校正问题。理论数据和实际数据的计算表明，利用有限差分波动方程延拓联合相移法波动方程延拓，能够解决起伏地表存在横向速度变化的地质条件下的非地表一致性静校正。需要注意的是，不管层析静校正还是波动方程静校正，都依赖于准确的速度模型。近地表速度模型的反演是整个静校正的重要工作，在准确速度模型的基础上，波动方程延拓静校正才能够取得好的计算效果。在不是特别复杂的地表条件下，层析静校正能够满足实际资料的静校正需求。在地表条件严重不遵循地表一致性假设条件的地区，建议采用层析法计算近地表速度场，使用波动方程波场延拓静校正进行最终的静校正处理。

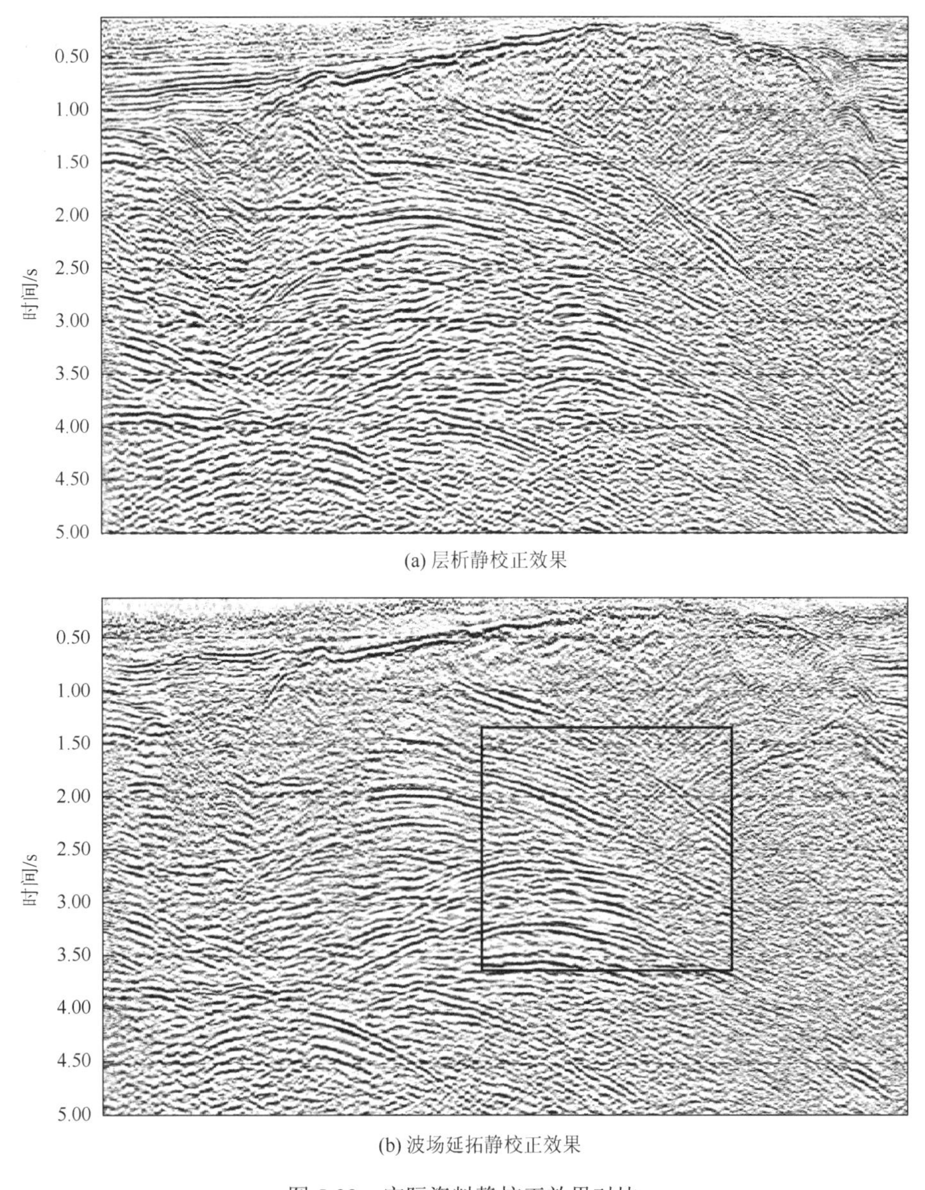

(a) 层析静校正效果

(b) 波场延拓静校正效果

图 5-22　实际资料静校正效果对比

5.3 小　　结

静校正的地表一致性假设为静校正的计算提供了便利，目前生产中使用的静校正方法基本上都是基于地表一致性假设条件的。在长期的使用过程中，大家已经默认这一个假设条件的合理性，以至于后期处理结果不理想的时候，往往不会在静校正中找问题，而是把问题归结为资料是否采集质量过关，速度求取是否准确，成像方法是否合理等。本章通过使用简单模型，对实际静校正计算误差的影响因素和误差量大小进行了分析，可以看出在很多情况下地表一致性静校正计算的误差远超常规的认识。

波场延拓静校正是一种有效的非地表一致性静校正方法，该方法以波动方程理论作为基础，可以实现地震波场按要求的延拓，以实现静校正处理。实际处理过程中，采用有限差分结合相移法延拓是一种较好的解决方案。波场延拓静校正需要准确的近地表速度厚度模型，模型的质量直接影响校正效果，生产中可以使用层析和波场延拓静校正结合的方法进行静校正处理，通过层析方法获得相对精确的近地表速度厚度模型，使用波场延拓静校正解决非地表一致性静校正问题。虽然波场延拓静校正理论上可以获得较好的静校正效果，但实际生产中基于计算成本和精确模型不易获得的情况，应用还相对不多。生产中可以使用本章模型分析的方法，对实际工区进行理论的分析，获得常规静校正方法的误差分析结果，如果误差可以接受，则采用计算效率较高的地表一致性静校正方法。而在静校正误差很大的地区，则应采用非地表一致性静校正方法。

第 6 章　静校正方法展望

波动方程延拓静校正在近地表模型精确的情况下，理论上可以获得最优的校正效果。但是，事实上近地表模型的获取是一件极其困难的事。层析静校正是目前公认的获得近地表模型较好的方法，但是其获得的仍然只是一个等效模型，和真实的模型有可能存在较大的差异。因此基准面静校正后，必须开展剩余静校正工作。

目前生产中得到广泛使用的剩余静校正方法几乎都基于以下三点假设。第一，地表一致性原则。地表一致性假设认为，低速带的速度远小于基岩速度，地震波在低速带内是垂直传播的，与各层反射波入射到低速带的方向无关，因此在同一道记录中所有采样点的静校正值都是相同的。但在一些复杂地表地区的资料处理中，目前的地表一致性静校正方法不能很好地解决静校正问题。而非地表一致性静校正量的计算要考虑时间、偏移距、方位角等各种因素的影响，因此不易解决。Trim 是目前应用较广的非地表一致性剩余静校正方法。但是这种方法使用不当会造成虚假的构造，因此生产中使用较为谨慎。第二，剩余静校正量随机分布。进行剩余静校正前，已经做过基准面校正，消除了表层构造的影响。考虑到剩余静校正方法主要解决的是短波长剩余静校正量，这种假设是成立的。生产中广泛使用的统计相关法、最大能量法以及模拟退火剩余静校正算法都是基于这一点假设的。第三，动校正速度准确，既剩余正常时差可以忽略不计。进行剩余静校正采用的数据需要经过动校正处理，因此动校正的准确程度直接影响到剩余静校正的效果。在资料品质较好的地区，速度分析能量聚焦程度高，可以获取较为准确的动校正速度；但是在地表复杂、资料信噪比较低的地区，无法获取准确的动校正速度。使用这种存在动校正剩余时差的资料计算剩余静校正量，不能取得好的效果。

6.1　多时窗旅行时分解静校正方法

当常规地表一致性剩余静校正方法失败时，人们往往把问题归结为非地表一致性。非地表一致性固然会对剩余静校正量的计算产生消极影响，但是，动校正速度不准确对剩余静校正计算带来的影响不容忽视。潘树林等（2011）通过模型和理论数据的计算，分析了速度误差对剩余静校正影响的定量关系，进而提出了多时窗旅行时分解剩余静校正方法，在实际资料的处理中，该方法取得了成功。

6.1.1　方法原理

根据地表一致性假设，每道记录不同时窗内存在的静校正量相同，这样才能保证经过静校正后每层都实现同相叠加。图 6-1 为两个不同地区典型的 CMP 道集记录，其中图 6-1（a）

各个层位较好的表现了地表一致性对静校正的影响；而图 6-1（b）资料由于信噪比等原因造成速度分析不理想，进而影响了动校正的效果，在道集的深浅层并没有表现出静校正影响的地表一致性。图 6-1（b）CMP 道集中的同相轴弯曲不平，显然存在速度问题。此处如不考虑非地表一致性静校正影响，则产生这种现象的原因可以归结为各层存在不同的剩余正常时差。

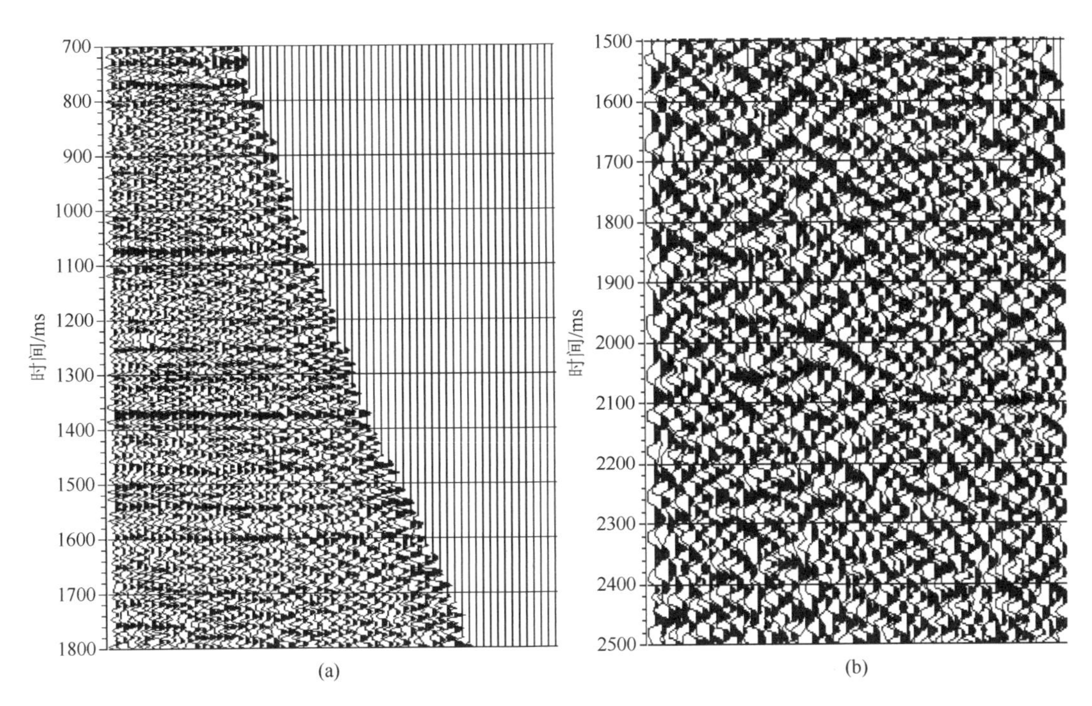

图 6-1 两个典型 CMP 道集

为了讨论速度误差对剩余正常时差的影响，进行以下分析。假设某偏移距 x 位置自激自收时间为 t_0，准确的动校正速度为 v，实际采用的动校正速度为 v_k。则由于动校正速度和实际速度差异造成的剩余正常时差为

$$\Delta t = \frac{x^2}{2\times t_0}\left(\frac{1}{v_k^2}-\frac{1}{v^2}\right) = \frac{x^2}{2\times t_0}w_k \tag{6-1}$$

其中，$w_k = \frac{1}{v_k^2}-\frac{1}{v^2}$。

对式（6-1）进行速度误差对正常剩余时差影响的定量分析，假设偏移距 $x=1000\text{m}$，$t_0=1\text{s}$，正确的动校正速度 $v=2000\text{m/s}$。经计算可以获得速度误差对剩余正常时差的影响如图 6-2 所示，从图 6-2 中可以看出当速度误差为 15%时，剩余正常时差接近 50ms；随着速度误差的增大，剩余正常时差急剧增加，在速度误差达到 50%时，剩余正常时差接近 400ms。由此可见，速度误差对剩余正常时差的影响是非常大的，如此大的影响必然会对剩余静校正的计算造成不可忽略的误差。因此在计算剩余静校正量时，同时进行速度误差的计算是很有必要的。

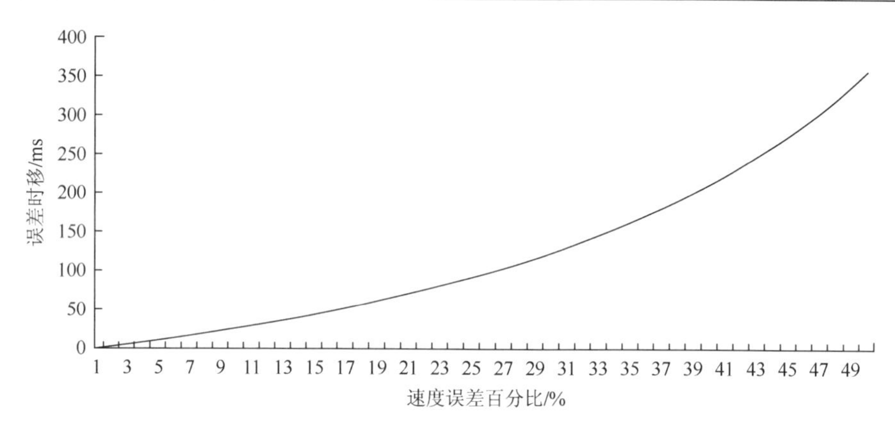

图 6-2　速度误差对剩余正常时差影响曲线图

根据地表一致性条件，任意一道记录总的静校正量都可分解为 4 部分：

$$t_{ij} = s_i + g_j + \frac{x^2}{2 \times t_0} w_k + y_k \tag{6-2}$$

式（6-1）和式（6-2）中，s_i——i 位置炮点静校正；
g_j——j 位置接收点静校正；
w_k——共中心点 k 位置一个与动校正速度和实际速度有关的量；
t_0——共中心点 k 位置的自激自收时间；
v_k——k 位置对应的真实速度；
v——k 位置采用的动校正速度；
x——炮检距；
y_k——共中心点 k 位置处的构造量。

每道的总校正量 t_{ij} 可以通过 CMP 道集中各道与模型道互相关求取。

在进行剩余静校正计算时，往往采取追踪同相轴，然后以同相轴为中心上下开辟计算时窗的方法。同相轴追踪准确时，在这样选取的时窗内计算剩余静校正量，可以消除 y_k 影响。则式（6-2）可以变为

$$t_{ij} = s_i + g_j + \frac{x^2}{2 \times t_0} w_k \tag{6-3}$$

因为式（6-3）所示方程在一个工区内的数目与整个工区的总道数相等，比需要求取的炮点静校正量、检波点静校正量和 CMP 点对应的速度误差数目要大得多。因此，由式（6-3）构成的方程组是超定的，各个未知量可以求解。

在实际资料中，同一层位采用的动校正速度接近，其真实动校正速度也比较接近。因此可以在不同层位时窗范围内计算剩余静校正量和动校正速度误差量。遵循地表一致性假设条件，各个层位计算得到的剩余静校正量相同，但动校正速度误差量不同。将求取的动校正速度误差应用到原始 CMP 道集数据中进行二次动校正后再进行剩余静校正，可以较好地改善原始数据由于动校正速度误差带来的成像问题。通过方程组求取静校正量和速度

误差后，将求取的解应用到原始道集数据中，可以改善相关时差的精度。对相关时差再次进行分解，可以求取更加合理的静校正量和速度误差，从而进一步改善叠加质量。

6.1.2 实际应用

图6-3（a）为云南某高陡构造采集资料的初叠剖面。该地区地形复杂、高程起伏大、地下构造复杂并且采集资料信噪比低。使用常规的地表一致性剩余静校正方法如最大能量法、模拟退火算法等，均出现了某层成像变好而其他层位被破坏的问题。这种资料的静校正问题使用常规的静校正方法无法解决。非地表一致性静校正方法可以在一定程度上解决这个问题，但由于静校正量大、信噪比低，使用非地表一致性静校正如Trim等方法极易产生假同相轴，造成构造假象。

图6-3（b）为应用沿红线时窗使用了最大能量法计算的剩余静校正量静校正后的叠加结果。从图中可以看出，虽然计算时窗位置附近成像变好，但是距离时窗较远的位置（蓝色圆框位置）成像明显变差。造成这种现象的原因是由于各个时窗内存在不同的剩余正常时差。经过反复试验发现，无论采用哪个时窗计算剩余静校正量都无法将各个层位同时聚焦。此处不考虑非地表一致性问题，则产生这个现象的原因是动校正速度不准确。

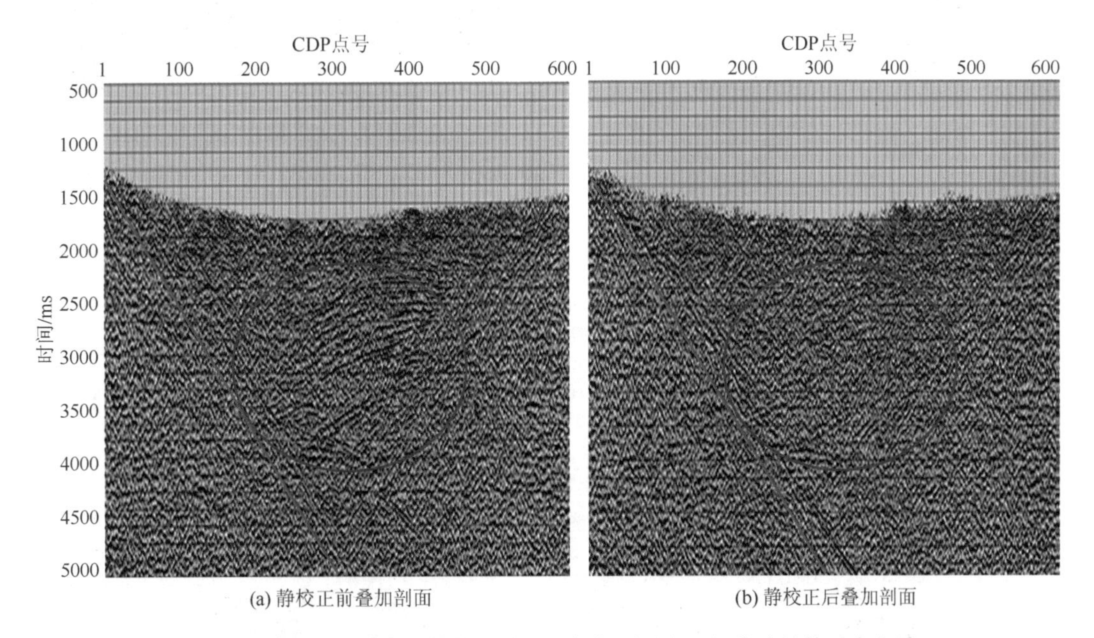

图6-3 沿某层位计算剩余静校正前后叠加剖面对比（红线为计算时窗位置）

前面讨论了由于动校正速度不准确造成的剩余静校正计算问题，通过理论计算得到了速度误差对剩余正常时差的影响。这种影响如果不消除，则无法计算出合理的静校正量。地震记录中，同一层位的真实动校正速度比较接近，速度分析结果也相差不大。因此，可以根据记录中的层位进行多时窗旅行时分解，遵循地表一致性原则，将相关时差分解为炮点静校正量、检波点静校正量和速度误差造成的时移量。在实际计算过程中，求解旅行时方程组，可以求取出炮点静校正量、检波点静校正量和每个 CMP 道集对应时窗内的速度误差。将每个时窗内的速度误差分别应用到时窗数据中，完成“剩余动校正”。完成“剩余动校正”后的数据应用求取的剩余静校正量处理后，叠加剖面质量得到明显提高。

图 6-4（b）叠加剖面为采用多时窗旅行时分解法得到的最终叠加剖面，对比图 6-3（b）和图 6-4（b）可以清楚地看出静校正起到的作用。从图 6-4（c）和图 6-4（b）可以看到，由于在求取剩余静校正量的同时，求取了速度的误差量，静校正后速度谱能量更加聚焦。这说明了速度误差对资料剩余静校正有较大的影响。在进行剩余静校正量的计算时，同时进行剩余动校正量的计算，在复杂构造和低信噪比地区是非常有必要的。

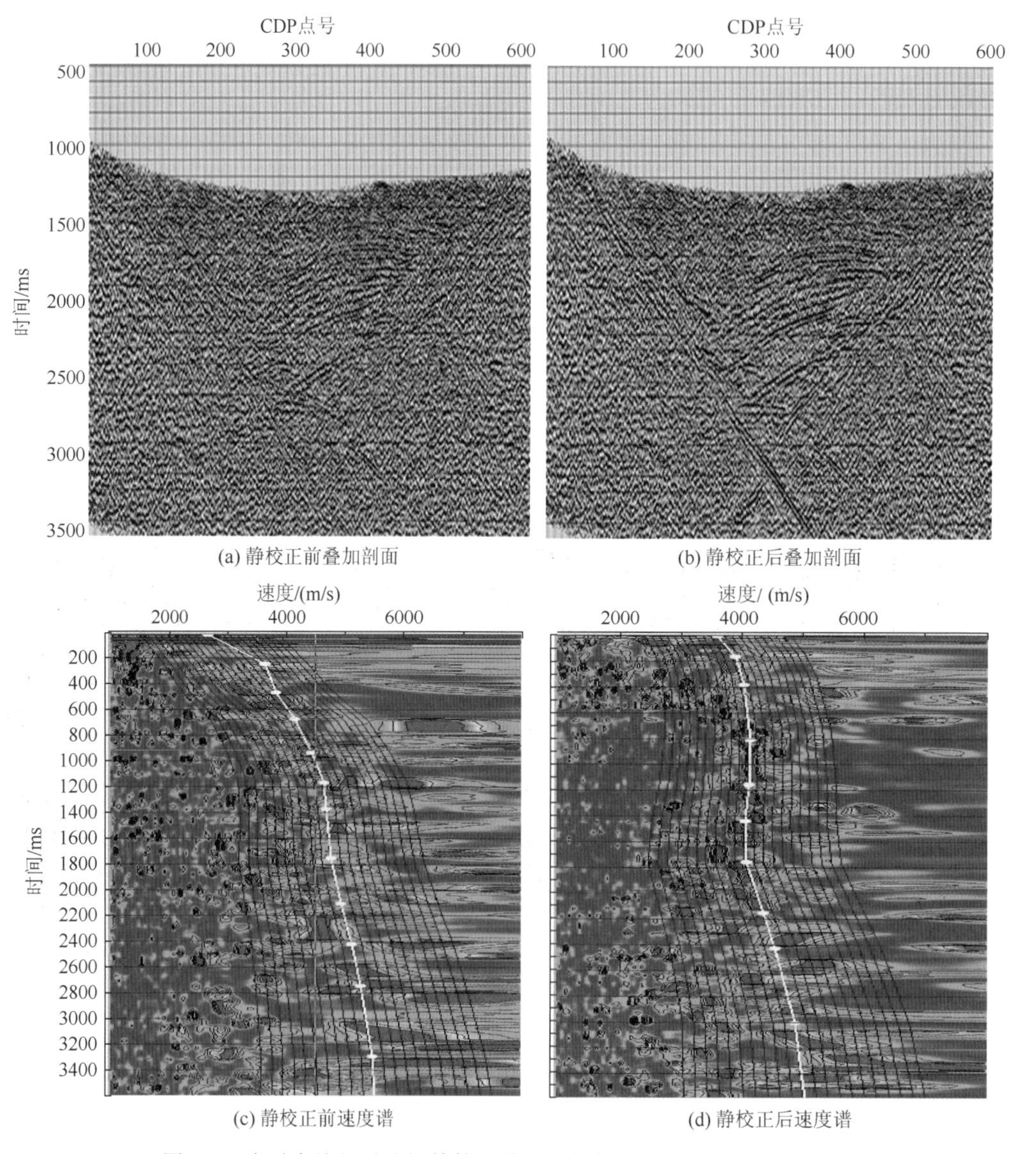

图 6-4　多时窗旅行时分解静校正前后叠加剖面及速度分析结果对比

（速度分析为（a）（b）图中红线位置 CDP 号 300 附近的大道集分析结果，（c）（d）两图拾取速度为白线位置对应速度，白点为拾取控制点）

6.1.3　小结

在复杂构造地区的资料或者低信噪比资料处理中，速度分析是一项困难的工作，不易获取准确的动校正速度。动校正速度不准确，直接影响到资料的动校正效果，导致动校正后的资料存在较大的剩余正常时差。各个层位剩余正常时差不相同，在资料上将会表现出类似于非地表一致性的静校正问题。使用这种资料进行剩余静校正量的计算，无法保证叠加后各个层位都得到改善。

多时窗旅行时分解剩余静校正方法将资料按照反射层位进行时窗划分，将各个时窗内的相关时差分解为静校正量和速度误差相关的量。经过计算分别获得各个时窗内的动校正速度误差，而静校正量的计算仍然遵循地表一致性原则。使用这种方法在云南某高陡构造资料的剩余静校正计算中取得了不错的效果。当然，在高陡构造地区静校正的非地表一致性也是比较严重的，可以采用波动方程静校正的方法解决。由于信噪比较低，这种地区不适合使用 Trim 非地表一致性静校正方法。

当非地表一致性静校正方法不成熟或者使用条件不足时，克服动校正速度不准造成的计算误差在低信噪比地区有着重要的意义。

6.2　静校正效果的评价

6.2.1　静校正评价方法发展现状

静校正技术几十年的发展形成了很多种不同的静校正处理方法，在对比不同静校正方法时，就要涉及静校正效果的评价。静校正评价方法主要可以分为动校正之前的静校正评价和动校正之后的静校正评价。

1. 动校正之前的静校正评价

动校正之前的静校正效果可以通过人工分析对比单炮记录进行评价。一般来说静校正效果好的记录初至更加平滑，反射波也更加符合双曲线形态。这种通过单炮记录对比分析的方法评价效率较低，难以对数据记录获得整体的认识。较好的评价方法主要是基于初至时间的静校正评价方法，包括初至监控评价方法、延迟时综合误差法、初至曲线整体评价法三种方法。

（1）初至监控评价方法：这种方法用于静校正过程中的质量监控，第一种做法是首先对静校正前、后的炮集记录初至进行曲线拟合，然后求出拟合前后的初至波旅行时差，检查是否存在初至时间突变点，时差突变即表面静校正量存在问题，需要分析原因并调整静校正参数，直至合理为止。它的缺点是只能解决短波长静校正量。第二种做法是将初至拟合曲线和静校正量放在一起综合评价，长波长静校正存在区域性规律，而短波长静校正量是随机分布的，很少具有区域性和一致性，借助这种规律可以判断静校正是否合理，评价静校正效果。

（2）延迟时综合误差法：这种方法是直接对延迟时进行综合平均，然后求取综合前、后的时差，综合时差越稳定越好，这种方法可以地震资料初至的整体质量评价，无法精确分辨个别炮点、检波点静校正异常情况。主要用于静校正计算过程中，帮助处理人员及时发现静校正问题，调整静校正方案。

（3）初至曲线整体评价法：这种方法直接分析地震波初至时间，既适用于个别炮点、检波点的静校正局部评价，也适用于整个工区静校正的整体评价。静校正评价标准主要是依据静校正后初至波较静校正前初至波是否更为平滑、稳定。

可以看出动校正之前的静校正评价主要监控静校正前、后初至时间的时差来评价静校正是否合理，指导静校正处理过程中合理选取静校正方法以及具体的静校正参数。它的优点是快速简单，但是对于地表条件差、地下构造复杂的区域，初至时间并不能全面地做好静校正评价工作。

2. 动校正之后的静校正评价

1985 年 Ronen 提出最大叠加能量法，它是地震数据处理中十分常用的一种静校正评价方法，其核心是计算叠后地震剖面的叠加能量。通过叠加能量的大小（同时可以观察叠加剖面质量）来求取静校正量和完成静校正评价工作，它是求取静校正量的直接优化方法。同时这种方法也能增加剖面的相关性，因为最大相关会导致叠加能量最大。这种方法的缺点是分辨精度有限。因为叠加是一种中和效应，对于一些短波长静校正量，相对准确的静校正量和相对较差的静校正量叠加剖面差别十分细微，肉眼难以分辨。比较好的方法是采用频谱扫描的方式，特别是在较高的频带，静校正效果差别会更加明显。

一种好的静校正评价方法可以为静校正处理提供很多思路，比如叠后资料的最大能量标准就为实际生产提供了最大能量法以及以最大能量作为目标函数的模拟退火反射波剩余静校正、神经网络和全局最优化反射波剩余静校正算法，这些算法在生产中发挥了重要的作用。相对叠后最大能量标准，叠前资料的静校正评价方式还处于人工观察进行评价的方式，这只能够定性分析而无法做到定量评价。因此，研究一种定量的叠前静校正评价标准函数对推进静校正技术的进步有着重要意义。杨连刚等（2015）提出使用速度谱叠加能量作为静校正评价函数的思路，并在理论资料中进行了验证。

6.2.2 基于速度谱的静校正评价方法

6.2.2.1 速度谱原理

在速度场准确的情况下，地震记录通过叠加和偏移处理能够很好地反映地下构造特征，反之，则可能产生构造假象从而造成错误的解释结果。正是由于速度资料的重要性，速度分析作为提取速度参数的重要手段，已成为常规处理流程中不可或缺的一环。地震勘探常规处理中的速度分析，就是利用多次覆盖资料反射波到达时间同速度之间的关系从地震记录中提取速度参数的数值分析方法，其根本目的在于为动静校正、水平叠加和偏移成像提供相对准确的速度参数。随着野外采集技术的发展，速度分析本身也在加速发展，各种速度分析如自动速度分析、自适应速度分析、连续速度分析、三维速度分析层出不穷。

在一定范围内，地下地层介质的反射波时距曲线视为双曲线，这时可以利用一个统一的公式来表示：

$$t^2 = t_0^2 + \frac{x^2}{v_a^2} \tag{6-4}$$

式中，v_a——叠加速度。

从动校正的角度来看，实际反射波时距曲线按照式（6-4）所得到的动校正量做动校正：

$$\Delta t = \sqrt{t_0^2 + \frac{x^2}{v_a^2}} - t_0 \tag{6-5}$$

当动校正将反射波时距曲线校正为直线时，得到最佳叠加效果，这个速度就是 t_0 时刻对应的叠加速度。由此可见，叠加速度是按照 CMP 道集记录双曲线时距曲线得到最佳叠加效果的速度。

叠加速度谱是当前实际生产中适用最为广泛的速度分析方法，它的基本做法是：在 CMP 道集数据上，给出一组时间-速度对，按照时距曲线方程，将 CMP 道集对应相加。根据叠加振幅（或叠加能量）最大的准则来确定 CMP 道集垂直反射时间 t_0 相应的叠加速度值。

叠加速度谱计算公式简单、计算量小，利用能量判别准则，动态范围相对较大，分析得到的速度参数能够使 CMP 道集获得较好的叠加效果。

在水平介质中反射波时距曲线方程为

$$t^2 = t_0^2 + \frac{x^2}{v^2} \tag{6-6}$$

式中，t_0——垂直旅行时间；

x——炮检距；

t——随着炮检距增大的反射波旅行时间；

v——反射波传播速度。

倾斜界面情况下式（6-6）变成

$$t^2 = t_0^2 + \frac{x^2 \cos^2\theta}{v^2} \tag{6-7}$$

当地下介质不是水平层状介质时，相应的反射波时距曲线将会是更为复杂的形式，为了将问题简单化，将复杂时距曲线方程近似的视为一条双曲线，记作

$$t^2 = t_0^2 + \frac{x^2}{v_a^2} \tag{6-8}$$

式（6-8）即为多数速度分析的基础，叠加速度谱是在 CMP 道集中进行的。假设 CMP 道集由 N 道组成，炮检距依次为 $x_1, x_2, x_i, \cdots, x_N$，按照一定的时差步长进行动校正，其中总会存在某个正常时差使得这 N 道反射信号同相，叠加可以得到最大能量，这个正常时差以及它对应的速度就是最佳叠加的时间-速度对，如图 6-5 所示。

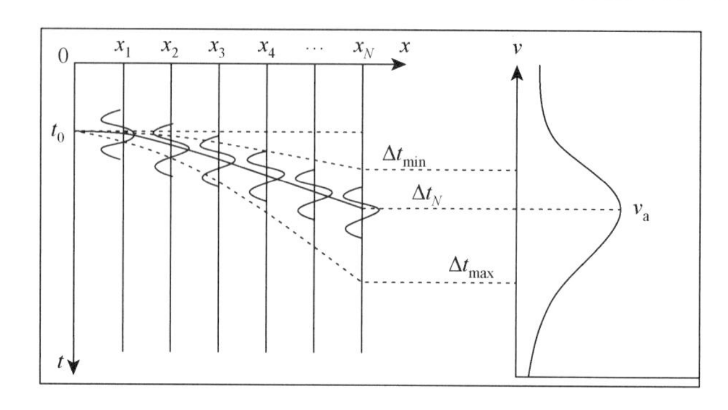

图 6-5　叠加速度谱示意图

因此，可以知道速度谱的获取流程：在t_0一定的情况下，利用给定的一组扫描速度$\{v_{\min}, v_{\min}+\Delta v, \cdots, v_{\max}\}$，$v_{\min}$、$v_{\max}$分别为最小、最大扫描速度，$\Delta v$为速度扫面间隔，根据式（6-8）逐个进行计算，这其中就包含了反射波真实速度v_a，满足同相叠加能量最大。对于固定的t_0，利用平均能量准则或平均振幅准则计算出的叠加振幅$A(t_0, v_j)$随着速度v_j变化的曲线，得到一条速度谱线，然后改变t_0，重复上述步骤即可得到叠加速度谱。在式（6-8）中包括了时窗作用，通过时窗可以使得求解过程更加稳定，从而获得更准确的速度参数。

由此可以看出，叠加速度谱的制作包含了两次扫描，即时间t_0和速度v_j。具体步骤：

（1）赋初始值：最小速度$v_{\min}$，最大速度$v_{\max}$，速度扫描间隔Δv，时窗长度 N，时间间隔Δt。

（2）给定起始时间t_0。

（3）计算t_{0i}对应的速度谱线：

由$v_j = v_{\min} + (j-1)\Delta v, j = 1, 2, \cdots, L$计算$t_{ij} = \left[t_{0i} + \dfrac{x_k^2}{v_j^2}\right]^{1/2}, k = 1, 2, \cdots, Nx$。

（4）在 CMP 道集记录上按t_{ij}拾取振幅值，叠加并求均值。

$$\frac{1}{Nx}\sum_{k=1}^{Nx} f_i(t_{i,j})$$

（5）在时窗内求和：

$$A_i = \frac{1}{Nx}\sum_{l=1}^{N}\left|\sum_{k=1}^{Nx} f_i(t_{ij} + l\Delta t)\right|^2$$

（6）将A_i按照速度大小排列，这样得到一条速度谱线。

（7）改变扫描时间t_{0i}，重复步骤（3）～（6）最终可以得到速度谱。

6.2.2.2　基于速度谱的静校正评价方法静校正评价函数制定

6.2.2.1 节讨论了叠加速度谱的制作方法，静校正量的存在会对速度谱聚焦有影响是在生产实践中获得的共识。据此设计了利用速度谱进行静校正评价的基本思路（图 6-6）。

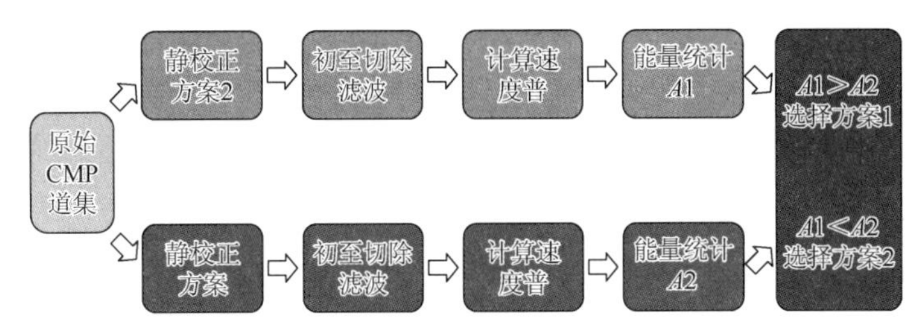

图 6-6　速度谱静校正评价流程图

具体实施步骤如下：

（1）原始记录分别运用静校正量 1，静校正量 2。

（2）由于初至波能量较反射波要大得多，这会影响分析，因此对运用了不同静校正量的记录做初至切除，必要的情况下作滤波处理。

（3）分别作速度分析（图 6-7），即反射波时距曲线在叠加速度谱上得到对应的点或能量团。

（4）对（3）得到的两个记录利用公式 $A=\sum_{Nx}\sum_{Nt}st_{i,j}^2$ 统计叠加速度谱能量大小得到 $A1$、$A2$；或者将叠加速度谱利用标准差公式 $\sigma=\sqrt{\frac{1}{N}\sum_{k=1}^{N}\left(x_k-\frac{1}{N}\sum_{i=1}^{N}x_i\right)}$ 计算速度谱上标准差的道 σ_1、σ_2。

（5）比较 $A1$、$A2$（或者 σ_1、σ_2）的大小，判定静校正运用效果的优劣，从而进一步指导静校正分析、处理工作。

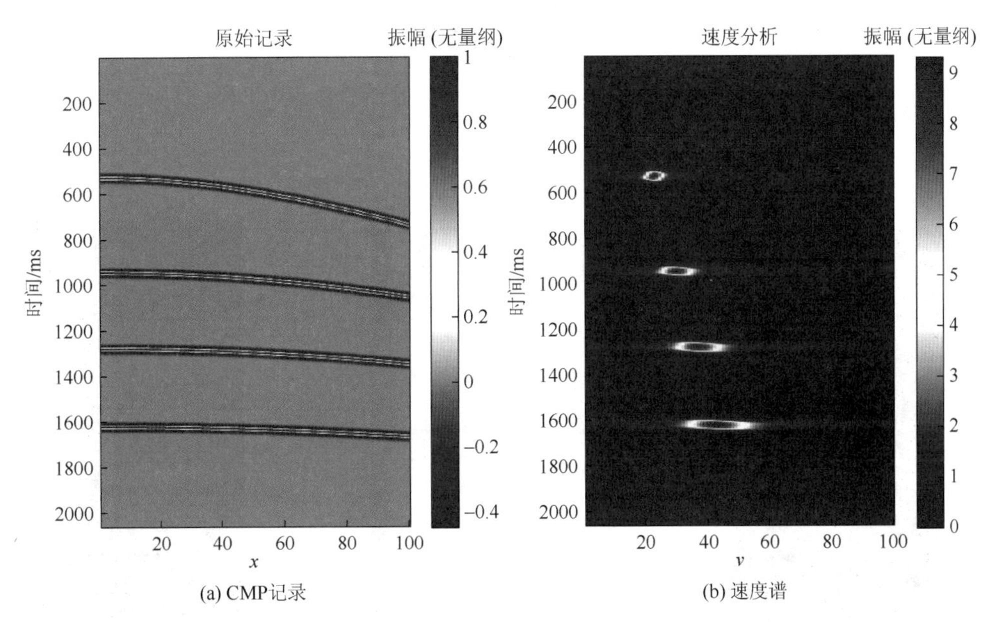

(a) CMP记录　(b) 速度谱

图 6-7　速度分析

为方便分析，对一存在噪声的道集分别施加不同大小的随机静校正量，对记录做速度分析，统计叠加速度谱的能量或标准差变化情况。

图 6-8（a）、图 6-8（c）、图 6-8（e）、图 6-8（g）为对含噪的 CMP 道集分别加入 0ms、20ms、40ms、60ms 的随机时移量（静校正量），图 6-8（b）、图 6-8（d）、图 6-8（f）、图 6-8（h）为它们对应的叠加速度谱，统计得到它们的能量和标准差：

谱能量：88463、7584.82、457.75、347.59

标准差：0.6417、0.1838、0.0367、0.0292

同预期的一样，随着对 CMP 道集记录施加的随机时移量的增大，叠加速度谱能量或标准差逐渐降低，并且在低信噪比、静校正量比较大(≥60ms)的情况下这种规律仍然存在，这充分说明了本书算法的正确性以及用于静校正评价的可能性。为进一步体现这种规律，下面对同样的 CMP 道集施加间隔 2ms，在 0～80ms 取值的随机时移量，并统计它们的叠加速度谱能量和标准差，如图 6-9 所示。

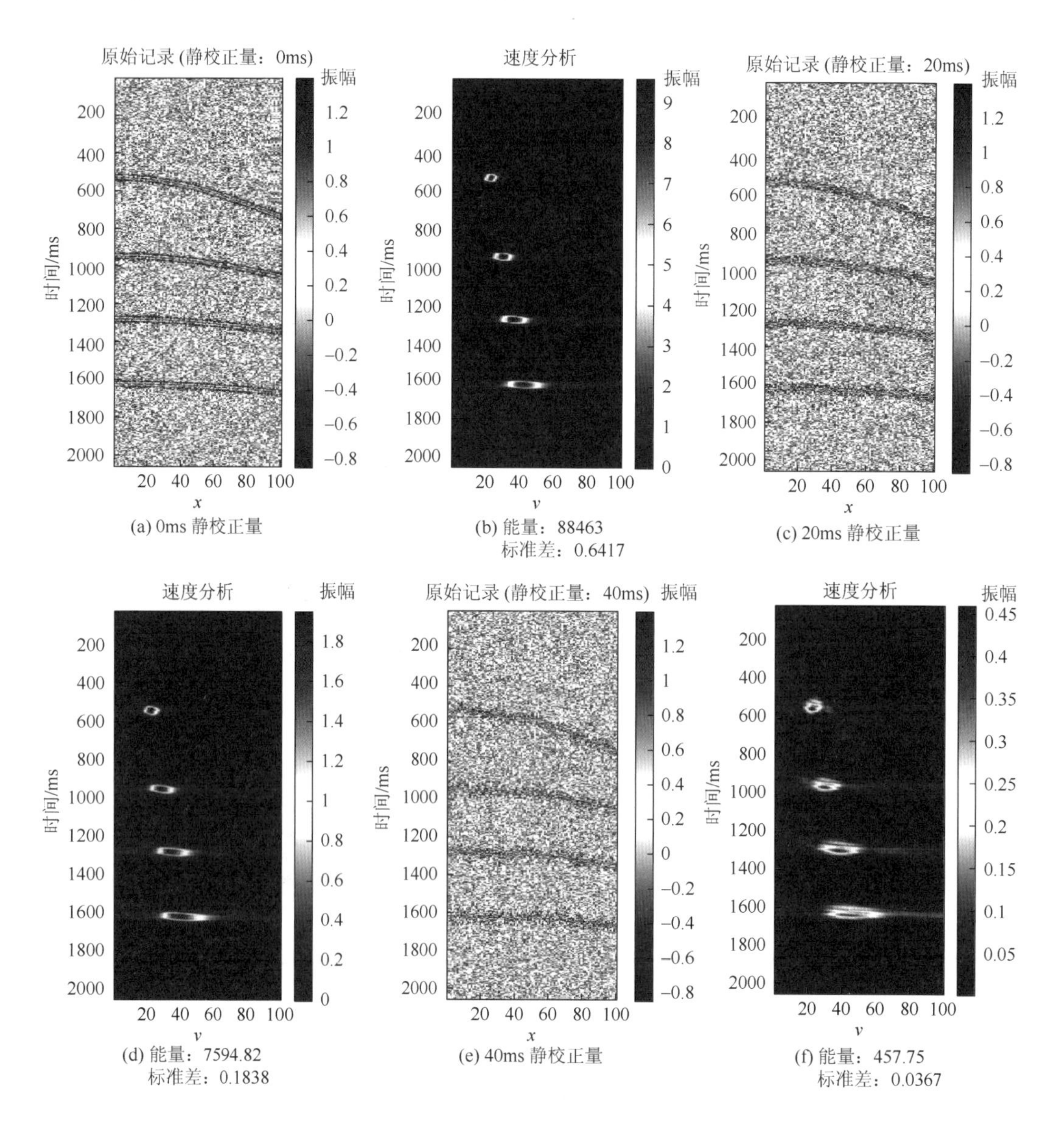

(a) 0ms 静校正量

(b) 能量：88463 标准差：0.6417

(c) 20ms 静校正量

(d) 能量：7594.82 标准差：0.1838

(e) 40ms 静校正量

(f) 能量：457.75 标准差：0.0367

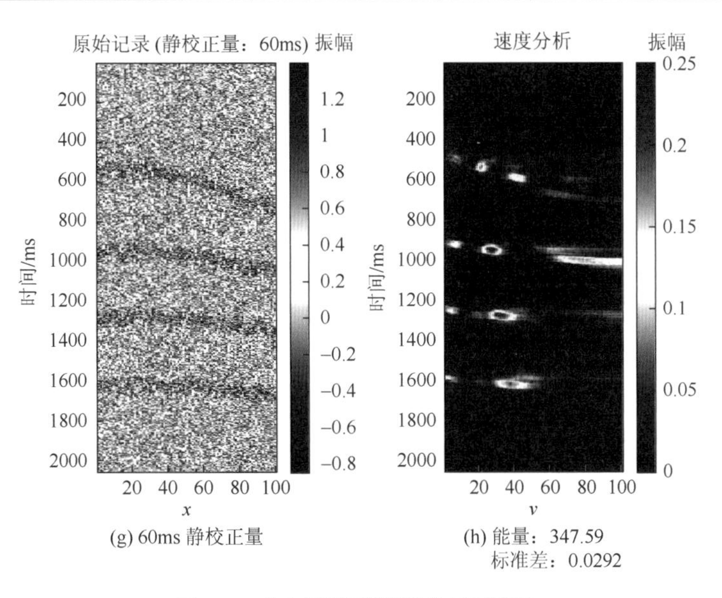

(g) 60ms 静校正量

(h) 能量：347.59
标准差：0.0292

图 6-8　叠加速度谱随静校正量变化

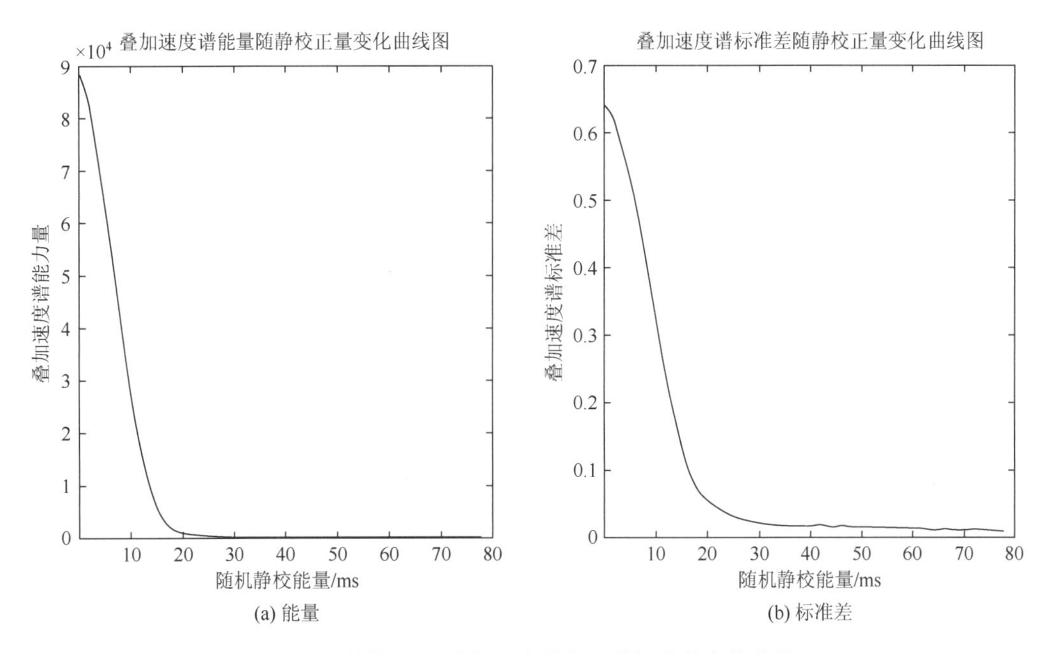

(a) 能量

(b) 标准差

图 6-9　静校正量-叠加速度谱能量或标准差变化曲线

分析图 6-9，可以看出随着静校正量增大，叠加速度谱的能量和标准差都在降低。不管使用叠加能量还是能量分布的标准差，都可以定量分析静校正量对数据的影响。

下面将叠加能量作为评价标准，设计一种叠前静校正的处理方法。

对于存在静校正问题的记录模型（图 6-10），将速度谱能量作为收敛条件，计算其速度谱，若速度谱能量（或标准差）增大则该静校正量保存，反之舍弃，经过合理的迭代就可以完成静校正工作，在此计算中可以采用第 3 章介绍的模拟退火等全局最优化方法。

具体实现步骤如下：

（1）计算原始 CMP 道集的速度谱并求取其叠加能量 $E1$。

（2）对 CMP 道集各道，加入随机扰动静校正量 $s1$，统计其速度谱能量 $E2$。

（3）比较 $E1$、$E2$ 大小，若 $E1 < E2$，保留 $s1$，继续步骤（2）。

（4）重复步骤（2）～（3）直至获得最大叠加能量 $E\text{max}$。

算法在本质上仍可以归结为最大能量法剩余静校正，但是以速度谱能量作为评价函数，改善了原方法只能用于叠后资料的局限，进一步提高了剩余静校正方法的使用效果（图 6-11～图 6-13）。

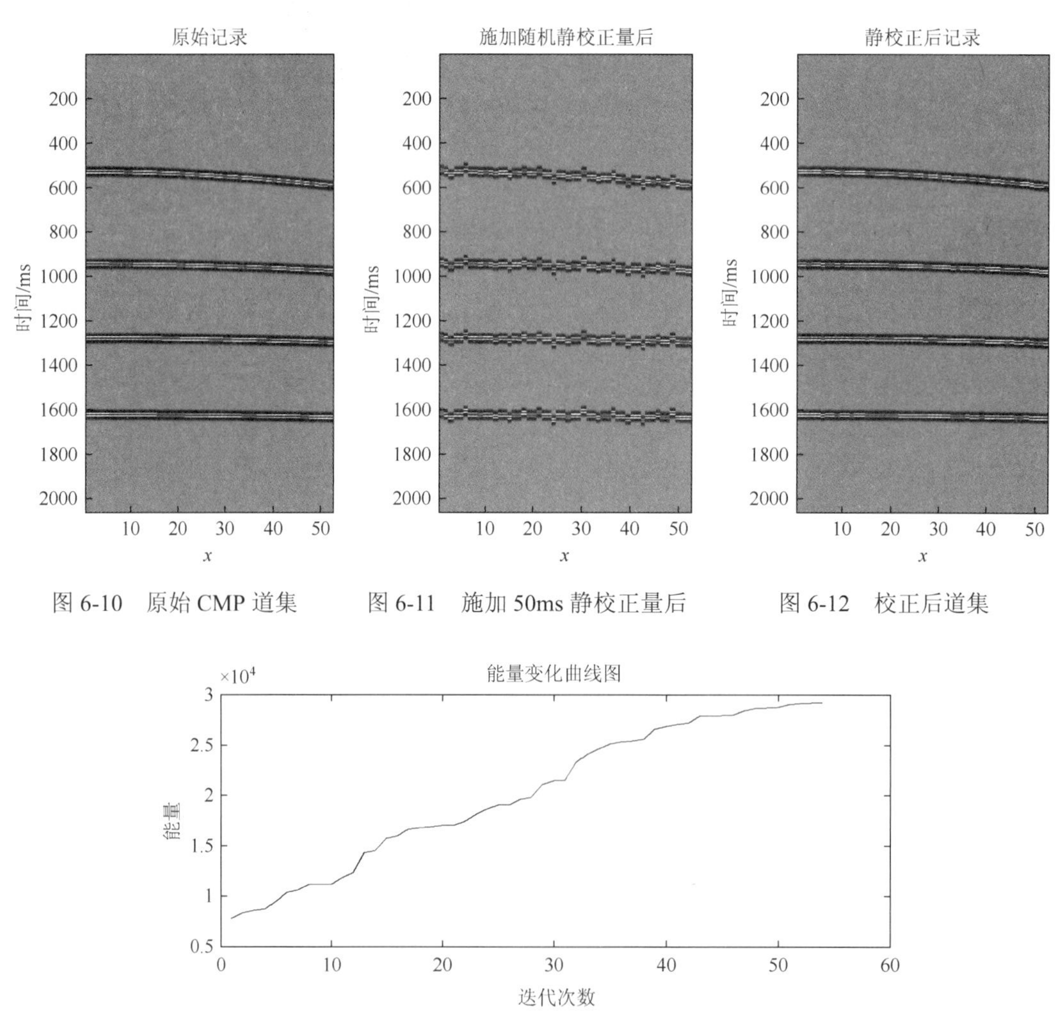

图 6-10　原始 CMP 道集　　图 6-11　施加 50ms 静校正量后　　图 6-12　校正后道集

图 6-13　静校正过程中速度谱能量变换曲线

上面介绍的静校正处理方法在理论资料上取得了效果，证明采用速度谱能量作为静校正评价标准函数是可行的。这种算法最大的优点在于有效避免了动校正过程中速度不精确对后期剩余静校正的影响。不用考虑剩余动校正量对整个静校正计算带来的不良影响。

6.3 小　结

实际生产中，静校正问题往往和速度问题有关联，近地表速度结构的精确程度直接影响基准面静校正的效果，动校正速度是否准确又直接影响到反射波剩余静校正的计算效果。本章对速度和静校正问题进行了一定的分析，并根据实际生产中速度分析和剩余静校正迭代的思想，提出了使用速度分析叠加能量作为叠前静校正效果评价函数的思想。使用这种思想作为指导，在理论数据上取得了一定的效果。进一步的实验还在继续开展，有兴趣的读者也可以从这个角度来进行一些研究工作。

参考文献

程金星，董敏煜，秦顺亭，等，1996. 三种算法联合迭代反演求取最佳剩余静校正量[J]. 地球物理学报，39（3）：416-423.

崔庆辉，潘树林，韩站一，2016. 波场延拓静校正在复杂地表区的应用及分析[J]. 科学技术与工程，16（15）：36-40.

崔庆辉，徐峰，潘树林，等，2009. 三维折射初至延迟时分解静校正[J]. 重庆科技学院学报（自然科学版），11（4）：44-46.

郭桂红，王德利，何樵登，等，2003. 转换波的静校正[J]. 吉林大学学报（地），33（4）：542-544.

李晨光，2016. 基于有限频 Snell 定律的非地表一致性误差分析[D]. 成都：西南石油大学.

李晨光，潘树林，赵东，等，2015. 非地表一致性静校正误差分析[A]. 中国地球物理学会：2.

李洪林，宋玲玲，潘树林，2007. 时窗方法与改进的能量比方法联合拾取初至波[J]. 内蒙古石油化工，(8)：389-393.

李辉峰，2006. 非线性全局最优化方法在剩余静校正问题中的应用研究[D]. 成都：成都理工大学.

李辉峰，邓飞，周熙襄，2006. 利用 TS 与 GA 的混合算法（TSGA）求取剩余静校正量[J]. 石油地球物理勘探，41（3）：327-332.

李继光，2010. 不同复杂近地表校正技术分析与应用[J]. 石油天然气学报，32（1）：223-227.

李家康，余饮范，2001. 近地表速度的约束层析反演[J]. 石油地球物理勘探，36（2）：135-140.

李录明，罗省贤，2001. 波场延拓表层模型校正[J]. 石油地球物理勘探，36（5）：572-583.

李录明，罗省贤，2005. 三维波场延拓复杂表层模型校正方法及应用[J]. 地球物理学进展，20（4）：1027-1034.

李录明，罗省贤，赵波，2000. 初至波表层模型层析反演[J]. 石油地球物理勘探，35（5）：559-564.

李庆忠，1994. 走向精确勘探的道路：高分辨率地震勘探系统工程剖析[M]. 北京：石油工业出版社.

李彦鹏，马在田，孙鹏远，等，2012. 厚风化层覆盖区转换波静校正方法[J]. 地球物理学报，55（2）：614-621.

林依华，2000. 综合全局快速寻优求解最佳剩余静校正量[D]. 成都：成都理工大学.

林依华，2000. 综合全局寻优中遗传算法部分选择操作的研究[J]. 石油地球物理勘探，35（5）：641-650.

刘连升，1998. 约束初至拾取与初至波剩余静校正[J]. 石油地球物理勘探，33（5）：604-610.

马昭军，唐建明，刘连升，2007. 一种切实可行的转换波静校正方法[J]. 新疆石油地质，28（5）：644-646.

潘树林，2005. 地震资料采集质量监控与评价系统的研究与开发[D]. 成都：成都理工大学.

潘树林，2008. P-SV 转换波静校正方法研究[D]. 成都：成都理工大学.

潘树林，周熙襄，钟本善，2007. 地震资料采集监控及评价系统的开发[J]. 物探化探计算技术，129（1）：12-14.

潘树林，陈辉，陈光明，李轩波，2010a. 可控震源地震记录初至拾取方法研究[J]. 石油物探，49，(2)：209-212.

潘树林，陈辉，周熙襄，2010b. 复杂地区拟合差分配静校正方法研究[J]. 物探化探计算技术，32（3）：241-246.

潘树林，李晨光，吴波，等，2016. 波形匹配转换波剩余静校正实用技术[J]. 石油地球物理勘探，51（2）：238-246.

唐建侯，张金山，1994. 消除 P-SV 波大静校正量的方法[J]. 石油地球物理勘探，29（5）：650-653.

唐进，2013. 典型地表条件下非一致性静校正影响分析[J]. 工程地球物理学报，10（3）：291-295.

王金峰，罗省贤，2006. BP 神经网络的改进及其在初至波拾取中的应用[J]. 物探化探计算技术，28（1）：14-17.

王克斌，2004. 复杂地表条件下初至折射波静校正方法研究[D]. 成都：成都理工大学.
吴波，潘树林，陈辉，2010. 用四阶累积量子函数改进剩余静校正量的计算[J]. 石油物探，49(3)：227-231.
吴波，尹成，潘树林，等，2010. 最大能量法剩余静校正的改进[J]. 石油地球物理勘探，45(3)：350-354.
吴波，徐天吉，唐建明，等，2012. 三种反射剩余静校正方法对比研究与应用[J]. 石油物探，51(2)：172-177.
许银坡，杨海申，杨剑，等，2016. 初至波能量比迭代拾取方法[J]. 地球物理学进展，31(2)：845-850.
杨海申，李彦鹏，陈海青，2006. 转换波延迟时静校正[J]. 石油地球物理勘探，41(1)：13-16.
杨连刚，秦子雨，赵东，等，2015. 一个新的静校正评价标准函数[A]. 中国地球物理学会：2.
杨若黎，顾基发，1997. 一种高效的模拟退火全局优化算法[J]. 系统工程理论与实践，17(5)：29-36.
姚金涛，杨波，2008. 一种具有自然血亲排斥的遗传算法研究[J]. 计算机工程与应用，44(16)：27-29.
姚姚，1991. 一种利用 τ-p 变换由折射波求静校正量的方法[J]. 石油物探，30(4)：20-27.
尹成，周熙襄，1997. 综合的并行搜索策略及其在剩余静校正中的应用[J]. 成都理工大学学报(自科版)，24(2)：75-80.
尹成，周熙襄，1998. 热槽法模拟退火分析及其改进[J]. 石油物探，37(1)：63-70.
尹成，周熙襄，钟本善，等，1997. 一种改进的遗传算法及其在剩余静校正中的应用[J]. 石油地球物理勘探，32(4)：486-491.
尹奇峰，潘冬明，夏暖，等，2011. 地表一致性静校正量误差分析[J]. 物探与化探，35(6)：785-788.
张福宏，孔连民，曹慧，2008. 基于地表一致性静校正误差及分析[J]. 内蒙古石油化工，34(1)：88-90.
张建中，陈世军，余大祥，2003. 最短路径射线追踪方法及其改进[J]. 地球物理学进展，18(1)：146-150.
周国婷，潘冬明，牛欢，等，2012. 层析静校正方法研究与应用. 物探与化探，36(5)：802-805.
周熙襄，钟本善，2001. 用初至折射波对地震勘探资料进行短波长静校正处理的方法[P]. 发明专利，CN1308240.
庄东海，肖春燕，颜永宁，1994. 利用人工神经网络自动拾取地震记录初至[J]. 石油地球物理勘探，29(5)：659-664.
邹强，2004. 山地静校正若干问题研究[D]. 成都：成都理工大学.
左国平，王彦春，隋荣亮，2004. 利用能量比法拾取地震初至的一种改进方法[J]. 石油物探，43(4)：345-347.
Armin W. Schafer，曹映月，1991. P 波折射和 SV 波折射联合应用以确定转换波静校正[C]//美国勘探地球物理学家学会第 61 届年会论文集.
Baixas F, Dupont R, 1949. Practical view of 3-D refraction statics[J]. SEG Technical Program Expanded Abstracts, 7(1):787.
Berg E，Berg E，Berg E，et al.，1949. Simple convergent genetic algorithm for inversion of multiparameter data[J]. SEG Technical Program Expanded Abstracts，9(1).
Cary P W，Eaton D W S，1993. A simple method for resolving large converted-wave (P-SV) statics[J]. Geophysics，58(3)：429-433.
Chen K C，1991. 模糊剩余静校计算[C]//美国勘探地球物理学家学会第 61 届年会论文集.
Dok R V，Gaiser J，Markert J，2001. Green River basin 3-D/3-C case study for fracture characterization：Common-azimuth processing of PS-wave data[J]. SEG Technical Program Expanded Abstracts，20(1)：2135.
Gilbert，1972. A Graphical Technique for Determining The Elastic Moduli of A Two-Layered Structure From Measured Su[M]. Texas Transportation Institute.
Geman S，Geman D，1984. Stochastic relaxation，gibbs distribution，and the Bayesian restoration of images[J]. IEEE Transactions on Pattern Analysis and Machine Intelligence，6(6)：721-741.
Geman S，Geman D，1987. Stochastic relaxation，gibbs distributions，and the Bayesian restoration of images[J].

Journal of Applied Statistics，6（6）：564-584.

Inger Vikholm，1987. Shape transitions in the aqueous phase of the system[J]. Journal of Colloid and Interface Science，116（2）582-587.

Larner K L，Gibson B R，Chambers R，et al，1979. Simultaneous estimation of residual static and crossdip corrections[J]. Geophysics，44（7）：1175-1192.

Palmer D，1981. An Introduction to the generalized reciprocal method of seismic refraction interpretation[J]. Geophysics，46（11）：1508-1518

Palmer D，1989. 折射地震学[M]. 袁明德，王建谋译，北京：地质出版社.

Ronen J，1985. Surface-consistent residual statics estimation by stack-power maximization[J]. Geophysics，50（12）：2759-2767.

Rothman D H，1985. Nonlinear inversion，statistical mechanics，and residual statics estimation[J]. Geophysics，50（12）：2784-2796.

Sheriff R E，1973. Encyclopedic Dictionary of Exploration Geophysics[M]. Society of Exploration Geophysicists.

Stoffa P L，1992. Nonlinear multiparameter optimization using genetic algorithms：Inversion of plane-wave seismograms[J]. Geophysics，56（11）：1794-1810.

Stoffa P L，Sen M K，1991. Seismic waveform inversion using global optimization methods[J]. International Congress of the Brazilian Geophysical Society.

Stork C，Kusuma T，1992. Hybrid genetic autostatics：New approach for large-amplitude statics with noisy data[J]. Proceedings of Seg Annual International Meeting，11（1）：1127-1131.

Szu H，Hartley R，1987. Fast simulated annealing[J]. Journal of Liaoning University of Petroleum & Chemical Technology，122（3-4）：157-162.

Taner M T，2012. Surface consistent corrections[J]. Geophysics，46（1）：17-22.

Wiggins R A，1976. Residual statics analysis as a general linear inverse problem[J]. Geophysics，41（5）：922-938.

Wilson W G，Laidlaw W G，Vasudevan K，1994. Residual statics estimation using the genetic algorithm[J]. Geophysics，59（59）：766-774.

Wilson W G，Vasudevan K，1991. Application of the genetic algorithm to residual statics estimation[J]. Geophysical Research Letters，18（12）：2181-2184.